식품공전 일반시험법 실무해설서

식품의약품안전평가원

머리말

이 해설서는 식품공전 제8. 일반시험법의 2. 식품성분시험법 2.1 일반성분시험법 중 2.1.1 수분시험법, 2.1.2 회분 시험법, 2.1.5.3.1 산가 시험법, 2.1.5.3.2 비누화가 시험법, 2.1.5.3.3 요오드가 시험법, 2.1.5.3.4 비비누화물 시험법, 2.1.5.3.5 과산화물가 시험법에 따라 시험할 때 활용할 수 있도록 사진 등의 자료를 수록하여 알기 쉽게 풀어 설명한 것입니다.

이 해설서에 수록되어 있는 내용은 법적인 효력을 가지는 것이 아니며, 본문의 기술방식('하여야 한다' 등)에도 불구하고 식품공전과 일치하지 않은 경우에는 식품공전이 우선적으로 적용되어야 합니다. 이 해설서는 2025년 현재의 유효한 고시 및 고시 개정(안)을 토대로 작성되었으므로 이후 최신 개정 고시 내용 등에 따라 달리 적용될 수 있음을 알려드립니다.

보다 상세한 설명이 필요하시거나 수정이 필요한 사항이 있으신 경우, 전화로 (043-719-4454, 신종유해물질과) 문의해 주시기 바랍니다.

CONTENTS

PART 1 적정시험법 개요 — 11
    1.1 역사 — 12
    1.2 종류 — 13
        1.2.1. 산-염기 적정 — 13
        1.2.2. 산화-환원 적정 — 13

PART 2 식용유지 검체 채취 및 보관 — 15
    2.1 식용유지의 특성 — 16
    2.2 유지의 산패와 이화학적 변화 — 16
    2.3 검체 보관 — 17
    2.4 유지 추출 — 17
    2.5 유지 추출법의 적용기준 — 19

PART 3 적정시험법 — 21
    3.1 산가 — 22
        3.1.1 적용범위 — 22
        3.1.2 시약 및 시액 — 22
        3.1.3 장치 — 24
        3.1.4 적정시험 — 25
        3.1.5 검체 및 시약별 색 변화 — 28
    3.2 과산화물가 — 50
        3.2.1 적용범위 — 50
        3.2.2 시약 및 시액 — 50
        3.2.3 장치 — 52
        3.2.4 적정시험 — 52
        3.2.5 검체 및 지시약 색 변화 — 54
    3.3 요오드가 — 55
        3.3.1 적용범위 — 55
        3.3.2 시약 및 시액 — 55
        3.3.3 장치 — 58
        3.3.4 적정시험 — 58
        3.3.4.1 하누스(Hanus)법 — 58

식품공전
일반시험법
실무해설서

2025. 2.

3.3.4.2 위이스(Wijs)법 ... 59

3.3.5 검체 및 시약별 색 변화 ... 60

3.4 비비누화물 ... 62

3.4.1 적용범위 ... 62

3.4.2 시약 및 시액 ... 62

3.4.3 장치 ... 63

3.4.4 적정시험 ... 63

3.4.5 검체 및 시약별 색 변화 ... 64

3.5 비누화가 ... 65

3.5.1 적용범위 ... 65

3.5.2 시약 및 시액 ... 65

3.5.3 장치 ... 66

3.5.4 적정시험 ... 67

3.5.5 검체 및 시약별 색 변화 ... 68

PART 4 일반시험법 ... 69

4.1 수분 ... 70

4.1.1 건조감량법 ... 70

4.1.2 증류법 ... 72

4.1.3 시약 및 시액(칼피셔법, Karl-Fisher) ... 74

4.1.4 장치 ... 75

4.1.5 시험방법 ... 75

4.1.6 수분측정기 원리 및 측정 장비 ... 77

4.2 회분 ... 78

4.2.1 기구 및 시약 ... 78

4.2.2 시험방법 ... 80

4.2.3 회분계산식 ... 84

4.2.4 주의사항 ... 84

PART 5 참고문헌 ... 85

용어의 정의(가나다 순)

공시험(Blank)
시료를 넣지 않고 수행하고자 하는 실험에서와 같은 조건으로 실험을 수행하는 것을 말하며, 보통 공시험값을 실측값에서 공제하여 실험 결과를 산출한다.[35]

과산화물가(POV, Peroxide value)
유지 1 kg에 의하여 요오드화칼륨에서 유리되는 요오드의 밀리당량 수를 나타내며, 유지 산패의 척도로 사용된다.[4), 7), 31)]

그램당량(g당량, Gram equivalent)
화학당량과 같은 그램 수의 원소 또는 화합물의 양을 말한다.[34]

표 1. 물질에 따른 분자량 및 그램 당량

물질	화학식	분자량	당량(eq)	1g 당량
HCl	$H^+ + Cl^-$	36.5	1	36.5
H_2SO_4	$2H^+ + SO_4^{2-}$	98	2	49
$CaCO_3$	$Ca^{2+} + CO_3^{2-}$	100	2	50
KOH	$K^+ + OH^-$	56.11	1	56.11

노르말농도(N, Normality)
용액 1 L에 들어있는 용질의 g당량수를 나타내는 농도를 말한다.[24]
예시) N = 용질의 g당량수/용액 1 L = [용질의 질량(g)/용질의 1 g당량수]/용액 1 L

당량점(Equivalence point)
적정에서 시료 용액에 함유된 분석 종에 대해 이것과 반응하는 시약(적정제)을 분석종의 총량과 정량적으로 반응하는데 필요한 양만 가한 점을 말한다.[16]

비누화(검화, Saponification)
알칼리에 의한 유지 에스터 가수분해, 유지 화학에서는 유지의 알칼리에 의한 가수분해를 뜻하나 지방산을 알칼리로 중화하는 반응도 비누화라고 한다.[27]

비누화가(SV, Saponification value)
유지 1 g을 가수분해하는 데 필요한 수산화칼륨(KOH)의 mg수를 나타내며, 비누화가는 지방산의 분자량에 반비례하며 유지의 산패, 산화에 의하여 감소한다.[6), 31]

비등석(Boiling stone)
액체를 끓일 때 과열에 의한 튐을 막을 목적으로 끓음의 핵으로서 첨가되는 작은 조각류를 말한다. 화학적으로 안정되고 액체와 반응하지 않고 기체상의 생성을 유발하는 능력이 있는 다공성의 물질이면 무엇이나 이용할 수가 있다.[34]

비비누화물(Unsaponifiable matter)
알칼리에 의해 가수분해되지 않는 유지를 나타내며, 유지 중의 물질을 알칼리로 가수분해시킨 후 에테르에 녹고 물에 녹지 않는 물질의 양을 측정한다.[5), 28), 31]

산가(AV, Acid value)
지질 1g 중에 존재하는 유리지방산을 중화하는 데 필요한 KOH의 mg수이며, 유지의 정제 정도를 나타내는 수치이다. 유리지방산은 착유나 추출 중에 유지의 분해로 발생하지만, 정제 과정에서 대부분 제거되며 정제 과정이 불충분하거나 유지의 가공, 저장, 조리 과정에서 문제가 생길 시 높아진다. 산패가 일어나면 유리지방산의 함량이 높아지므로 산가는 유지의 품질을 나타내는 척도가 된다.[1), 2), 3), 9), 20), 31]

산패(Rancidity)
유지 또는 식품에 들어 있는 지방질이 산화 또는 가수분해되어 본래의 품질이 저하되고 이에 따라 맛과 냄새가 변하는 현상을 의미한다.[27]

산화(Oxidation)

물질이 산소와 화합하거나 수소를 잃는 반응으로 넓은 뜻으로는 물질에서 전자를 잃는 변화 또는 그에 따르는 화학반응을 가리킨다. 변화 물질이 산소와 화합하는 반응으로는 알코올이 알데하이드로 되는 반응, 쇠에 녹이 스는 것, 나무가 불에 타는 것 등이 있다. 식품 산화의 대표적인 것은 산화효소에 의한 전자의 이동과 산소에 의한 유지의 자동산화가 있다.[27]

역가(Factor)

농도의 용액을 제조할 시, 용질의 양이 얼마나 정확히 함량되어 만들어졌는지 확인하는 것을 그 용액의 역가(약어로 "F"라고 표시함)라고 하며 용량분석 등의 실험 전에 역가를 구하는 과정은 반드시 필요하다. 정확하게 만들어진 용액의 역가는 1이며, 역가가 1보다 낮을 경우 정량보다 용질이 적게 들어간 용액, 높을 경우 정량보다 용질이 많이 들어 간 용액으로 판단할 수 있다.[26]

요오드가(IV, Iodine value)

유지 100 g 중에 첨가되는 요오드의 g수를 말하며, 유지에 첨가되는 요오드의 양으로 유지의 이중결합(불포화) 정도를 측정한다. 요오드가는 불포화지방산의 함량의 비례하며 유지의 산패, 산화에 의하여 감소한다.[8], [31]

전위차계(Potentiometer)

전위차계(Potentiometer)는 전자 및 전기공학의 관점에서는 저항 값을 임의로 조절할 수 있는 가변저항을 의미하며, 전압을 조절하는 목적으로 사용된다. 시료 용액 내에 존재하는 분석물의 활동도(농도)를 전위차법 및 전위차 적정으로 알아내는 경우에 사용한다.[35]

종말점(End point)

실험자가 적정이 완료되었다고 판단하여 적정을 멈추는 지점을 말한다.[16]

표정(표준화, Standardization)

용액의 농도를 확정하는 것을 말하며 적정에서 기본 조작의 하나이다. 표준물질을 쓸 때는 그 일정량을 측정하여 용액으로 하고, 그 전량을 적정한다. 표준액의 경우에는 일반적인 조작에 따라 적정하면 된다. 이와 같이 하나의 표준을 바탕으로 하여 표정에 의해 수많은 표준액을 얻을 수 있게 된다.[35]

PART 1

적정시험법 개요

1.1 역사

적정(滴定, titration)은 용량분석에 쓰는 방법으로 분석 대상(analyte)의 농도를 결정하기 위해 쓰인다. 화학양론적인 반응의 종류 또는 현상의 차이에 따라 산-염기적정, 산화-환원적정, 침전적정, 착염적정 등이 있다. 반응의 종말점은 지시약의 색 변화 또는 전기적신호(전위차 또는 전류)로 알 수 있다.[28]

적정 분석의 초기 역사는 신속한 분석 방법이 필수적이었던 화학산업의 발전과 함께한다. 1729년 에티엔 프랑수아 조프루아(Étienne FranÇois Geoffroy)에 의하면 처음 적정의 의미는 발포성과 침전, 착색과 같은 시각적으로 인식할 수 있는 현상의 생성을 의미로 시작하였으며, 이러한 적정이라는 의미를 과학적 목적으로 발전시킨 것이 조제프 루이 게이-뤼삭(Joseph Louis Gay-Lussac)이었으며 뷰렛을 최초로 설계하였고, 칼 프레드릭 모어(Karl Friedrich Mohr)가 뷰렛의 단점을 보완하면서 18세기 후반에 부피의 분석법과 함께 크게 발전하여 널리 활용되기 시작하였다.

1811년 게이-뤼삭(Gay-Lussac)이 보고한 리트머스 종이는 색상 변화를 확인할 수 있는 최초의 센서로 용액에 수소 이온이 존재할 시에 빨간색에서 파란색으로, 수산화물 이온이 존재할 시에 파란색에서 빨간색으로 변하는 메커니즘을 가지고 있어 현재까지 혈액의 pH, 미생물오염, 화학반응 등을 감지하는 용도로 사용되고 있다.[10], [18], [21], [22]

1.2 종류
적정에는 다양한 종류가 있으나, 가장 일반적인 방법으로 산-염기 적정과 산화-환원 적정이다.

1.2.1 산-염기 적정
산(acid)의 수소 이온(H^+)와 염기(base)의 수산화이온(OH^-)은 반응할 때 1:1로 반응하여 물(H_2O)을 생성한다. 이를 중화반응이라고 하는데 농도를 알고 있는 산 또는 염기를 이용하여 모르는 염기 또는 산의 농도를 구하는 것이 산-염기 적정반응이다. 일반적으로 중화반응의 속도가 빨라 육안으로 확인할 수 있게 실험을 진행한다. 산-염기 적정반응은 종말점을 육안으로 확인하기 때문에, 당량점이라고 보기는 어려워 정확한 측정을 위해선 pH미터를 사용하기도 한다.[28]

1.2.2 산화-환원 적정
산화-환원 적정은 적정제와 분석 대상 용액의 산화-환원 반응에 기초한다. 산화-환원 적정의 종말점은 산화-환원 지시약 또는 전위차계를 이용해 구할 수 있다. 지시약법은 피적정액 중에 용해된 지시약의 색이 당량점 부근에서 급격히 변화하는 성질을 이용하여 적정의 종말점을 검출하는 방법이다. 이 시험법은 종말점에서의 색 변화를 육안으로 관찰하여 결과를 판정하도록 식품공전에서 기술하고 있다. 그러므로 당량점 전후에서 pH 등 피적정액의 물리화학적 성질에 따라 예민하게 반응하여 색 변화를 잘 일으키는 지시약을 선택한다. 유지의 산패 정도를 예측하거나 측정하는 방법으로 산가와 과산화물가, 비누화가, 요오드가 등이 사용된다.[28]

PART 2

식용유지
검체 채취 및 보관

2.1 식용유지의 특성

식용유지류라 함은 유지를 함유한 원료로부터 얻은 원료 유지를 식용에 적합하도록 제조·가공한 것 또는 이에 식품 또는 식품첨가물을 가한 것으로 식물성유지류, 동물성유지류, 식용유지가공품을 말한다. 식용유지는 가공 식품의 형태와 유지 원액을 직접 섭취할 수 있으며, 비누 및 피부 관리 제품, 양초, 향수 등과 같은 제품에서 첨가제로 사용되기도 한다. 식용 유지는 품질 관리가 매우 중요하며, 특히 공기에 장시간 노출하거나 고온에 가열될 경우 맛과 색상이 나빠지며 이취가 발생하는 산패가 일어날 수 있다.[29]

2.2 유지의 산패와 이화학적 변화

식품 중 유지의 산패는 두 가지로 구분되는데, 가수분해가 일어나 발현한 산패(hydrolytic rancidity)와 공기 중의 산소에 의한 산패 즉, 산화(oxidation)이다. 전자의 산패는 지질분해효소(lipase)와 같은 지방 분해 효소에 의해 일어나는 현상으로 분자에 작용하여 유리지방산, 글리세롤로 분해되는 경우이다. 산화는 유지가 산소를 흡수하여 과산화물(hydroperoxide)를 형성한 후 지속되면, 카보닐화합물(carbonyl compounds)와 중합물(polymer)를 형성한다. 이러한 유지의 산패로 인해 이화학적 변화가 일어날 수 있는데, 산가의 경우 가수분해가 일어나는 산패로 인하여 유리지방산이 증가하게 되면서, 산가도 증가한다. 비누화가의 경우는 지방산 분자량에 반비례하기 때문에, 중성 지방의 가수분해에 사용된 알칼리 양이 증가할수록 비누화가는 증가하게 된다. 과산화물가와 요오드가는 산화로 인해 이화학적 변화가 일어날 수 있다. 과산화물가의 경우 산화 반응으로 인해 과산화물이 증가하게 되면서, 과산화물가도 증가하게 된다. 요오드가의 경우는 불포화지방산에 비례하기 때문에, 불포화지방산이 증가, 즉 이중결합이 많을수록 요오드가는 증가한다. 여기서 이중결합이 많은 것은 불포화도가 높다는 것을 의미하는데, 산화 중엔 중합반응(polymerization)도 일어날 수 있으므로 이 중합반응이 일어나면 이중결합을 가진 분자들끼리 중합하게 되면서, 이중결합이 감소하게 된다. 즉 이중결합이 감소하면 불포화도가 낮아지게 되므로, 요오드가는 감소하게 된다.[11]

2.3 검체 보관

산가 및 과산화물가와 같은 적정시험에 사용되는 검체의 경우 빛 또는 온도 등에 의한 지방 산화의 촉진을 방지하기 위하여 검체를 빛이 차단되는 밀폐 용기에 넣고 채취 용기 내의 공간 체적과 가능한 한 온도 변화를 최소화하여야 한다.[30]

2.4 유지의 추출

1) 유지추출이 필요한 검체의 경우, 분쇄 또는 세절하여 필요한 양의 유지가 얻어질 수 있도록 적당량을 각각 플라스크에 취한다. 검체가 잠길 정도의 정제에테르(Ether, diethyl ether, petroleum ether)를 넣고 때때로 흔들면서 약 2시간 방치한다.

> **TIP.**
> 유지를 많이 포함하고 있지 않은 검체의 경우 방치 시간을 늘리기보단 검체와 에테르의 양을 늘려 확보하는 게 더욱 용이하다.

> **TIP.**
> 흄후드 또는 국소배기장치에서 진행해야 하며, 방독·방진마스크(필터형식)을 꼭 착용하여 실험을 진행해야 한다.

2) 검체의 고형물이 유출되지 않도록 여과지에 여과한 다음, 검체에 정제에테르(앞의 절반 정도 양)를 넣어 흔들어 섞은 후 동일한 여과지에 반복하여 여과한다.

> **TIP.**
> 여과되는 액체의 속도가 줄어들 때 여과지를 교체하여 여과한다.

3) 여액을 분액깔때기에 옮기고, 이 여액의 약 1/2~1/3 용량에 해당하는 물을 넣어 잘 흔들어 씻고 물층은 버린다.

> **TIP.**
> 물의 용량이 너무 많이 넣을 시 분리층이 육안으로 확인하기 어려우므로 주의해야한다.

> **TIP.**
> 층 분리 과정 중 에멀젼이 발생할 시에 포화 NaCl을 첨가하여 유기용매 속에 남은 수분을 제거해주거나, 물 대신 포화식염수를 사용한다.

4) "3)" 조작을 2회 되풀이하고 에테르층은 분취하여 무수황산나트륨으로 탈수한다.

> **TIP.**
> 탈수과정 시 무수황산나트륨과 분액깔대기를 가깝게하여 여액이 필요시, 에테르를 더 부어서 추출이 잘 될 수 있도록 한다. 여과지 밖으로 새어나가지 않도록 한다.

5) 질소가스 또는 이산화탄소를 통과하면서 40°C의 수욕상에서 감압한다.

6) 에테르층을 완전히 제거하여 남은 유지를 검체로 한다.

그림 1. 유지의 추출 과정

1) 검체 유지 추출 과정　　2) 여과 과정　　3) 층 분리 과정

4) 탈수 과정　　5) 감압 과정　　6) 감압 후 검체

2.5 유지 추출법의 적용 기준

산가, 과산화물가, 요오드가, 비누화가, 비비누화물이 적용되는 기준·규격은 식물성유지, 동물성유지 및 유탕처리한 가공품 등에 적용한다.[31] 식품이 유지 자체인 경우에는 전처리가 필요하지 않다. 이는 제외국 시험법에서도 동일하게 적용된다. AOAC에 의하면 산가를 실험할 경우 수분과 고형분을 제거한 액체 상태의 유지를 채취한다. ISO 및 AOCS에서는 고체 지방의 과산화물가를 실험할 때 융점보다 높은 온도에서 균질화하여 시험하며, 추출된 유지의 양이 5 g 보다 작을 경우에는 작은 양의 검체로 시험할 수 있다.[4, 7] 이 분석법들은 유탕·유처리식품에도 적용되는 규격이기 때문에, 산가와 과산화물가 시험에는 유지 추출 과정이 필요하다.

표 2. 유지의 추출이 필요한 검체

구분	예시
가공식품(농·축·수산물)	서류가공품, 대두분, 참깨분, 조미김(유처리한 김)
유탕처리식품	유탕면류, 유탕과자류, 유탕빵류, 어육살, 연육, 어육반제품, 어묵, 어육소시지유탕떡류
곤충가공식품	식용번데기 가공품
자라가공식품	자라분말 및 제품, 자라유제품
기타가공품	과자류, 빵류, 떡류, 즉석식품류에 해당되지 않는 식품

PART 3

적정시험법

3.1 산가

지질 1 g에 함유되어 있는 유리지방산을 중화하는데 필요한 수산화칼륨의 mg수를 말하며, 지방산이 글리세라이드로부터 결합형태로 있지 않은 유리지방산의 양이다.

3.1.1 적용범위

식용유지류, 과자류, 수산가공식품(조미김 등), 유탕·유처리식품, 튀김식품, 식용유지가공품, 농산가공식품(참깨분, 대두분 등), 동물성가공식품(식용번데기가공품 등) 등에 적용한다.

3.1.2 시약 및 시액

1) 중성의 에탄올·에테르혼액(1:2) : 에탄올과 디에틸에테르를 1:2 (v/v)의 비율로 혼합하여 사용한다. 공시험액은 사용 전에 페놀프탈레인시액을 넣은 후 중성의 혼액 100 mL에 0.1 N 에탄올성 수산화칼륨용액으로 명확한 색변화가 일어날 때까지 중화한다.

> **TIP.**
> 공시험의 0.1 N 에탄올성 수산화칼륨용액 소모량은 0.2~0.3 mL이다.

2) 0.1 N 에탄올성 수산화칼륨용액 : 수산화칼륨(KOH: 56.11 g/mol) 5.611 g을 5 mL의 물에 녹인 후 에탄올을 추가하여 최종 부피를 1,000 mL로 한다.
3) 페놀프탈레인시액 : 페놀프탈레인 1 g을 에탄올에 녹여 100 mL가 되게 한다(1% 시액으로 제조).

적정 전(지시약 분주)   적정 후

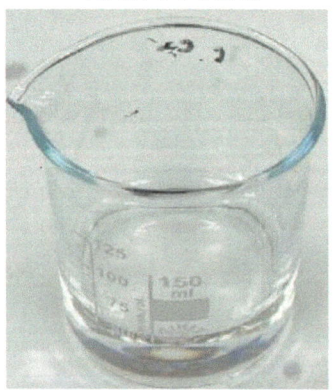 

공시험에서의 페놀프탈레인시액의 색변화(검체 없음)

4) 알칼리블루-6B시액 : 알칼리블루-6B 2 g을 에탄올에 녹여 100 mL가 되게 한다(2% 시액으로 제조).

> **TIP.**
> 알칼리블루-6B는 알칼리블루-6B 나트륨(염)을 사용하여 제조하면 에탄올에 용해도가 높아 적정시험을 하기에 용이하다.

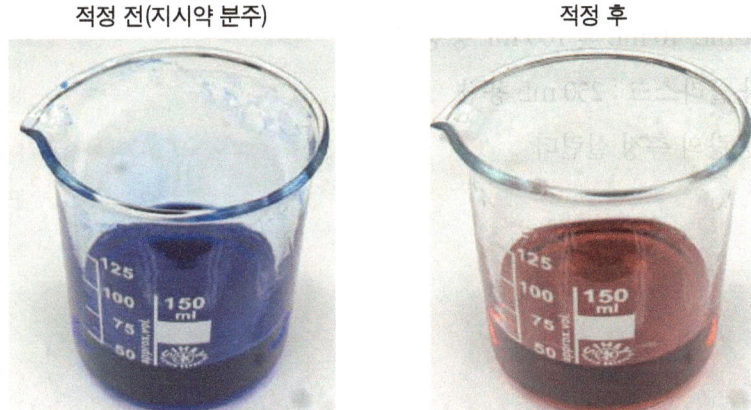

공시험에서의 알칼리블루-6B 나트륨(염)시액의 색변화(검체 없음)

5) 티몰프탈레인시액 : 티몰프탈레인 1 g을 에탄올에 녹여 100 mL가 되게 한다(1% 시액으로 제조).

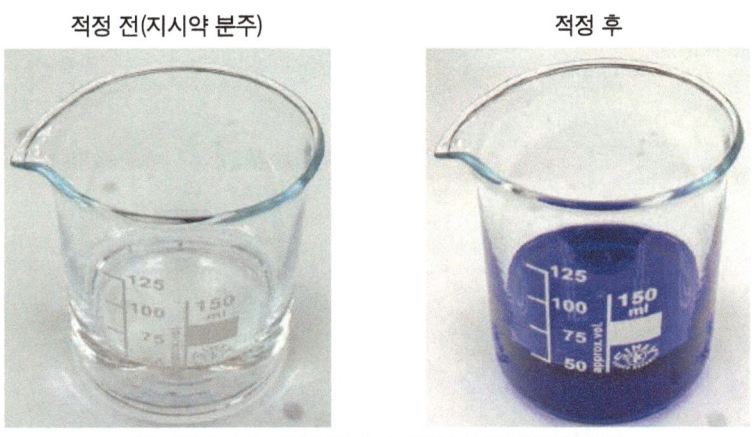

공시험에서의 티몰프탈레인시액의 색변화(검체 없음)

3.1.3 장치

1) 뷰렛 : 0.02 또는 0.05 mL 단위로 눈금 표시된 10 또는 25 mL 용량의 것

> **TIP.**
> 자동 뷰렛 사용 시 염 발생 등 원인으로 정확한 적정이 안될 수 있으므로 뷰렛은 반드시 수동을 사용한다.

2) 분석용 저울 : 0.001 g까지 측정 가능한 것
3) 0.5 mL, 1 mL, 10 mL 및 100 mL 용량의 피펫
4) 눈금 용량 플라스크 : 250 mL 용량
5) 100 mL 용량의 측정 실린더

3.1.4 적정시험

1) 검체 5~10 g을 정밀히 달아 마개달린 삼각플라스크에 넣고 중성의 에탄올·에테르 혼액(1:2) 100 mL를 넣어 녹인다.

예상 산가	검체 채취량(g)
0.6~5.0 이하	5~10

2) 이 때 검체의 상태는 액화하여 칭량한다. 동물성 및 식물성 유지의 경우 필요에 따라 적당한 온도까지 가열하여 지방질을 혼합한다(버터, 마가린, 마요네즈 등 유화된 지방에는 적용할 수 없다).

> **TIP.**
>
> 액체형 검체 : 산가 실험을 진행하기 위해 필수적인 형태로 올리브유, 해바라기유, 미강유 등 원료의 형태가 액체인 형태를 말하며, 착색의 정도가 높은 검체는 지시약으로 색의 형태를 구분하기 어려우므로 검체를 소량으로 진행하여 색의 구분이 될 수 있도록 만든다.
>
> 고체형 검체 : 액체 형태로 만들어 실험을 진행한다. 과자류, 서류가공품, 유탕면, 기타가공품 등은 유지 추출 단계를 통해 액체 형태의 유지를 취한다. 그 밖의 고체형 검체는 마그네틱 교반기 혹은 유리막대를 이용해 중성의 에탄올·에테르혼액(100 mL)에 직접 녹여 진행한다.

3) 이를 페놀프탈레인시액을 지시약으로 하여 명확한 색 변화가 30초간 지속할 때까지 0.1 N 에탄올성 수산화칼륨용액으로 적정한다.

> **TIP.**
>
> 검체의 색이 일부 현미유와 같이 붉을 때도 있다. 현미유에는 항산화 작용을 하는 다량의 감마오리자놀이 천연유래로 함유되어있다. 유지에 함유된 항산화 물질이 산화될 경우 붉은색을 띨 수 있으므로 검체가 붉은색을 띨 경우에는 알칼리블루-6B시액을 사용하여야 한다. 참고로 감마오리자놀은 산화방지제 용도로 식품첨가물로 고시되어있다.

4) 검체가 착색되어 있을 때는 지시약을 티몰프탈레인시액이나 알칼리블루-6B시액을 사용하든지 또는 검체를 소량으로 하고 중성의 에탄올·에테르혼액(1:2)을 증량하여 시험한다. 감마오리자놀이 함유된 미강유 등은 알칼리블루-6B시액을 사용한다.

$$\text{산가(mg/g)} = \frac{5.611 \times (a - b) \times F}{S}$$

S : 검체의 채취량(g)
a : 검체에 대한 0.1 N 에탄올성 수산화칼륨용액의 소비량(mL)
b : 공시험(에탄올·에테르혼액(1:2) 100 mL)에 대한 0.1 N 에탄올성 수산화칼륨용액의 소비량(mL)
F : 0.1 N 에탄올성 수산화칼륨용액의 역가
5.611 : 0.1 N 에탄올성 수산화칼륨용액 1 mL중에 존재하는 수산화칼륨(KOH)의 mg 수

> **TIP.**
> KOH 분자량은 56.11 g이며 1 g당량은 56.11이다. 따라서, 1 N KOH 1 L = KOH 56.11 g이고 0.1 N KOH 1 L = KOH 5.611 g이다. 그러므로 0.1 N 에탄올성 수산화칼륨용액 1 mL중에 존재하는 수산화칼륨의 mg수는 5.611이다(0.1 N KOH 1 mL = KOH 5.611 mg).

0.1 N 에탄올성 수산화칼륨용액 표정을 통한 역가 측정

중화적정의 알칼리 표준액의 역가 결정법과 같이 표준물질을 써서 하되 용해시에 물 대신에 에탄올·에테르혼액을 사용한다. 여기에서는 benzoic acid 또는 oxalic acid을 0.2~0.3 g을 정평하고 에탄올·에테르혼액(1:2) 10 mL를 가하여 용해한 다음 페놀프탈레인을 지시약으로 하여 0.1 N 에탄올성 수산화칼륨용액으로 적정한다.

> **TIP.**
> 역가는 시간이 지남에 따라 변하기 때문에 사용 전에 역가를 측정하여 계산한다.

> **TIP.**
> 시판용액의 경우 대부분 아래와 같이 역가가 제품 및 제품회사 Specification에 표시되어 있다.

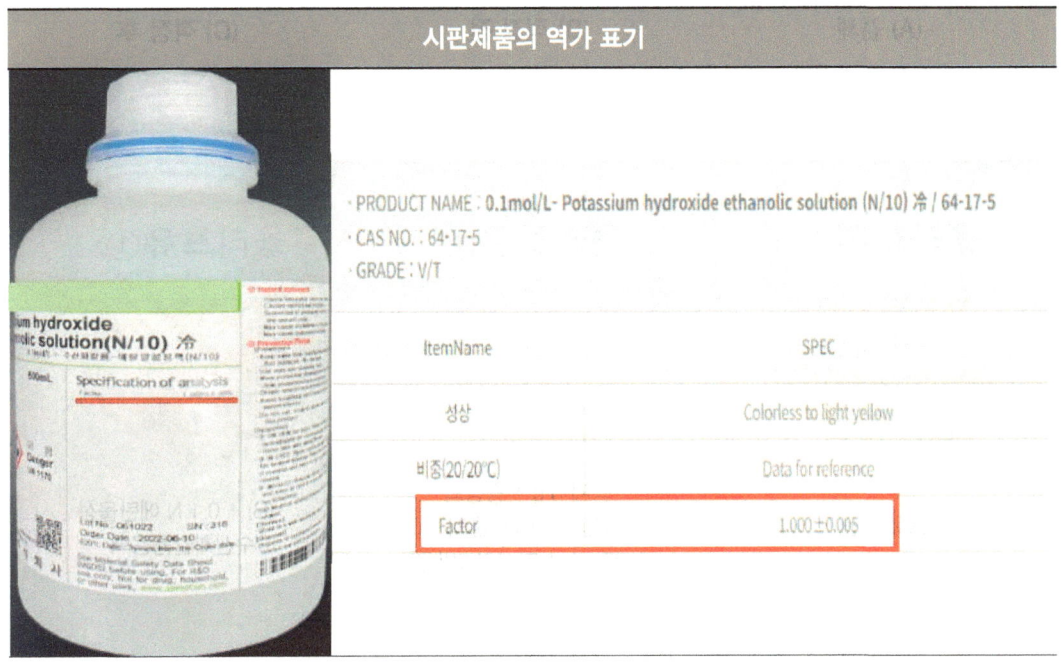

출처 : 삼전화학(주)

3.1.5 검체 및 시약별 색 변화(예시)

※ 해상도 등에 따라 식품 별 색상이 다르게 보일 수 있음

1) 올리브유 + 페놀프탈레인

(A) 검체	(B) 적정 전	(C) 적정 후

식용유지 원액	검체 5 g + 중성의 에탄올·에테르혼액 (100 mL + 지시약 2방울)	(B) + 0.1 N 에탄올성 수산화칼륨용액

식용유지 원액	검체 5 g + 중성의 에탄올·에테르혼액 (100 mL + 지시약 2방울)	(B) + 0.1 N 에탄올성 수산화칼륨용액

2) 카놀라유 + 페놀프탈레인

(A) 검체 — 식용유지 원액
(B) 적정 전 — 검체 5 g + 중성의 에탄올·에테르혼액 (100 mL + 지시약 2방울)
(C) 적정 후 — (B) + 0.1 N 에탄올성 수산화칼륨용액

3) 들기름 + 페놀프탈레인

(A) 검체	(B) 적정 전	(C) 적정 후

식용유지 원액	검체 5 g + 중성의 에탄올·에테르혼액 (100 mL + 지시약 2방울)	(B) + 0.1 N 에탄올성 수산화칼륨용액

(A) 검체	(B) 적정 전	(C) 적정 후

식용유지 원액	검체 5 g + 중성의 에탄올·에테르혼액 (100 mL + 지시약 2방울)	(B) + 0.1 N 에탄올성 수산화칼륨용액

4) 옥수수유 + 페놀프탈레인

(A) 검체: 식용유지 원액
(B) 적정 전: 검체 5 g + 중성의 에탄올·에테르혼액 (100 mL + 지시약 2방울)
(C) 적정 후: (B) + 0.1 N 에탄올성 수산화칼륨용액

(A) 검체: 식용유지 원액
(B) 적정 전: 검체 5 g + 중성의 에탄올·에테르혼액 (100 mL + 지시약 2방울)
(C) 적정 후: (B) + 0.1 N 에탄올성 수산화칼륨용액

5) 참기름 + 페놀프탈레인

(A) 검체	(B) 적정 전	(C) 적정 후

식용유지 원액	검체 5 g + 중성의 에탄올·에테르혼액 (100 mL + 지시약 2방울)	(B) + 0.1 N 에탄올성 수산화칼륨용액

(A) 검체	(B) 적정 전	(C) 적정 후

식용유지 원액	검체 5 g + 중성의 에탄올·에테르혼액 (100 mL + 지시약 2방울)	(B) + 0.1 N 에탄올성 수산화칼륨용액

6) 콩기름 + 페놀프탈레인

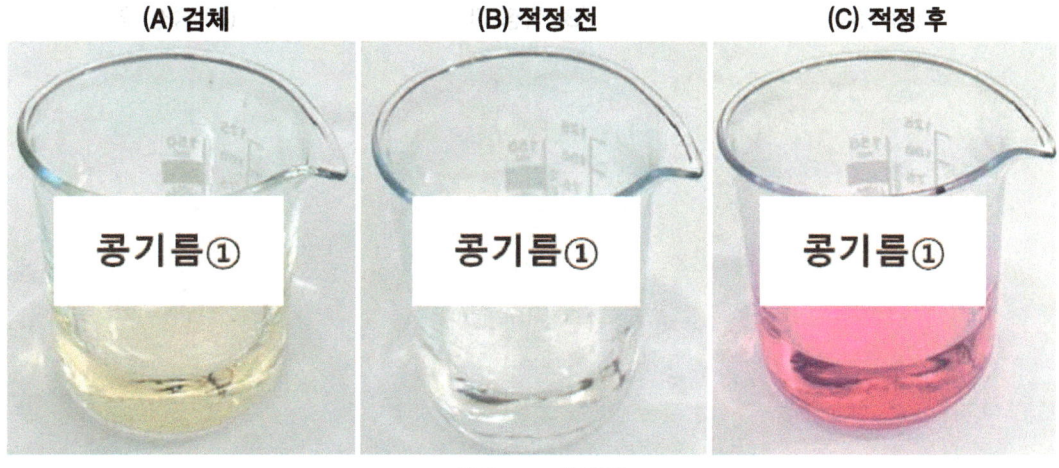

7) 해바라기유 + 페놀프탈레인

(A) 검체 — 식용유지 원액
(B) 적정 전 — 검체 5 g + 중성의 에탄올·에테르혼액 (100 mL + 지시약 2방울)
(C) 적정 후 — (B) + 0.1 N 에탄올성 수산화칼륨용액

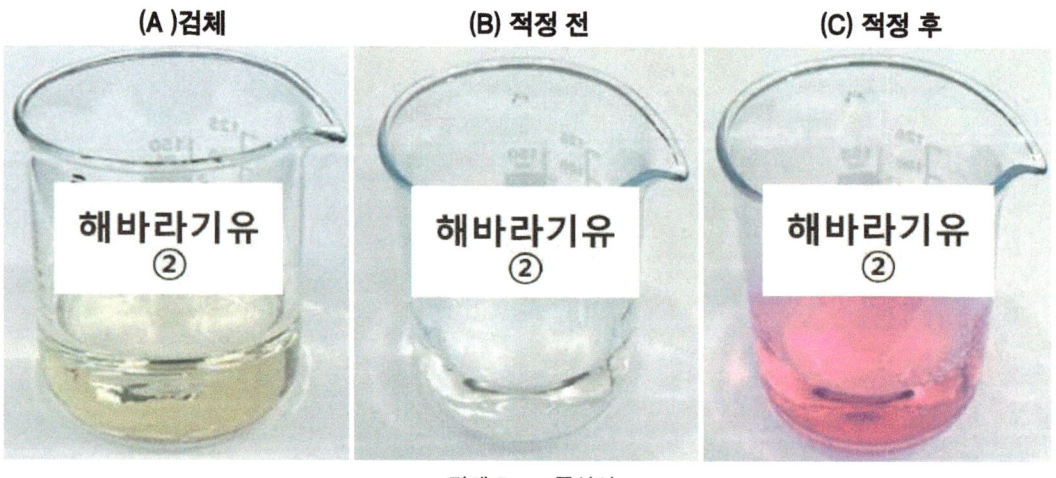

(A) 검체 — 식용유지 원액
(B) 적정 전 — 검체 5 g + 중성의 에탄올·에테르혼액 (100 mL + 지시약 2방울)
(C) 적정 후 — (B) + 0.1 N 에탄올성 수산화칼륨용액

8) 포도씨유 + 페놀프탈레인

(A) 검체 — 식용유지 원액
(B) 적정 전 — 검체 5 g + 중성의 에탄올·에테르혼액 (100 mL + 지시약 2방울)
(C) 적정 후 — (B) + 0.1 N 에탄올성 수산화칼륨용액

(A) 검체 — 식용유지 원액
(B) 적정 전 — 검체 5 g + 중성의 에탄올·에테르혼액 (100 mL + 지시약 2방울)
(C) 적정 후 — (B) + 0.1 N 에탄올성 수산화칼륨용액

9) 버터 + 페놀프탈레인

(A) 검체: 교반기를 사용해 고체형태가 용매에 충분히 녹을 수 있도록 한다.

(B) 적정 전: 검체 5 g + 중성의 에탄올·에테르혼액 (100 mL + 지시약 2방울)

(C) 적정 후: (B) + 0.1 N 에탄올성 수산화칼륨용액

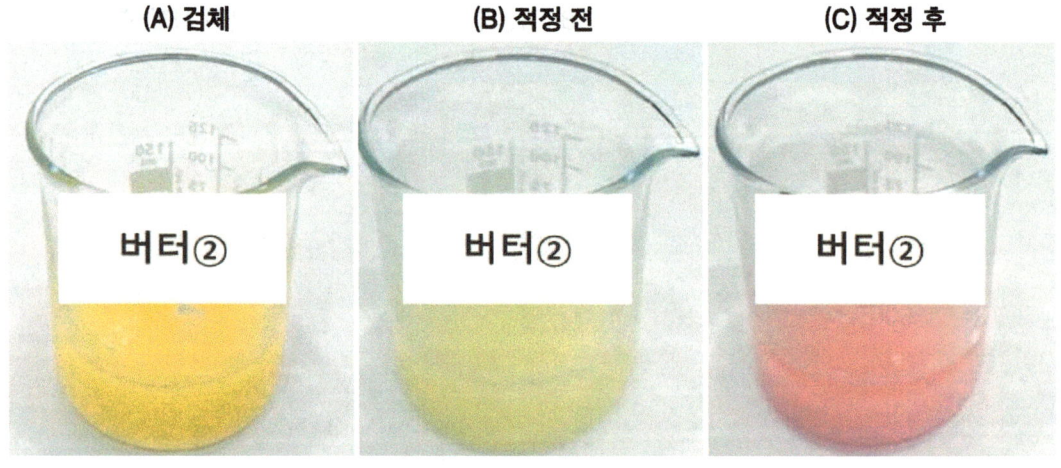

(A) 검체: 교반기를 사용해 고체형태가 용매에 충분히 녹을 수 있도록 한다.

(B) 적정 전: 검체 5 g + 중성의 에탄올·에테르혼액 (100 mL + 지시약 2방울)

(C) 적정 후: (B) + 0.1 N 에탄올성 수산화칼륨용액

10) 마가린 + 페놀프탈레인

(A) 검체 — 교반기를 사용해 고체형태가 용매에 충분히 녹을 수 있도록 한다.

(B) 적정 전 — 검체 5 g + 중성의 에탄올·에테르혼액 (100 mL + 지시약 2방울)

(C) 적정 후 — (B) + 0.1 N 에탄올성 수산화칼륨용액

(A) 검체 — 교반기를 사용해 고체형태가 용매에 충분히 녹을 수 있도록 한다.

(B) 적정 전 — 검체 5 g + 중성의 에탄올·에테르혼액 (100 mL + 지시약 2방울)

(C) 적정 후 — (B) + 0.1 N 에탄올성 수산화칼륨용액

11) 코코넛오일 + 페놀프탈레인

(A) 검체	(B) 적정 전	(C) 적정 후

교반기를 사용해 고체형태가 용매에 충분히 녹을 수 있도록 한다.	검체 5 g + 중성의 에탄올·에테르혼액 (100 mL + 지시약 2방울)	(B) + 0.1 N 에탄올성 수산화칼륨용액

12) 아보카도오일 + 페놀프탈레인

(A) 검체	(B) 적정 전	(C) 적정 후

식용유지 원액	검체 5 g + 중성의 에탄올·에테르혼액 (100 mL + 지시약 2방울)	(B) + 0.1 N 에탄올성 수산화칼륨용액

13) 팜유 + 페놀프탈레인

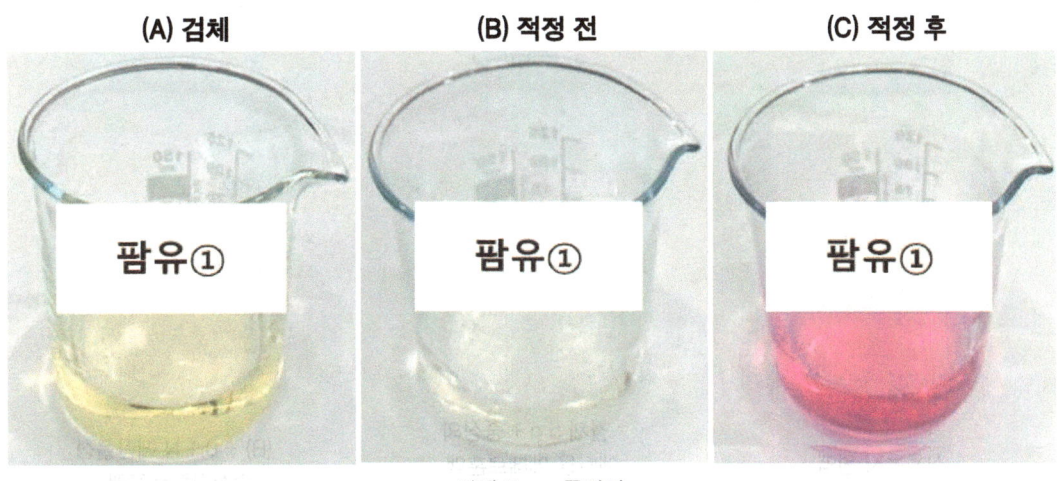

(A) 검체 — 교반기를 사용해 고체형태가 용매에 충분히 녹을 수 있도록 한다.

(B) 적정 전 — 검체 5 g + 중성의 에탄올·에테르혼액 (100 mL + 지시약 2방울)

(C) 적정 후 — (B) + 0.1 N 에탄올성 수산화칼륨용액

(A) 검체 — 교반기를 사용해 고체형태가 용매에 충분히 녹을 수 있도록 한다.

(B) 적정 전 — 검체 5 g + 중성의 에탄올·에테르혼액 (100 mL + 지시약 2방울)

(C) 적정 후 — (B) + 0.1 N 에탄올성 수산화칼륨용액

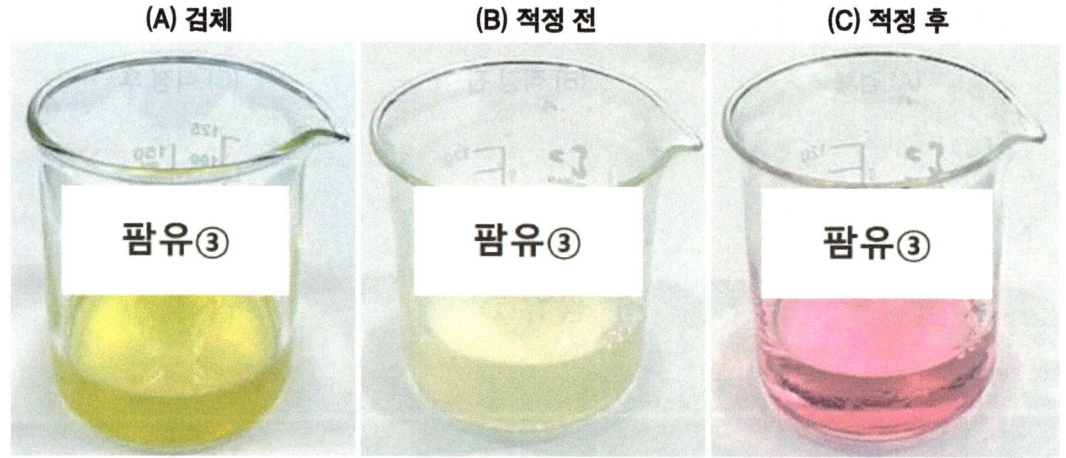

(A) 검체	(B) 적정 전	(C) 적정 후
식용유지 원액	검체 5 g + 중성의 에탄올·에테르혼액 (100 mL + 지시약 2방울)	(B) + 0.1 N 에탄올성 수산화칼륨용액

14) 미강유 + 알칼리블루-6B

(A) 검체
식용유지 원액

(B) 적정 전
검체 5 g + 중성의
에탄올·에테르혼액
(100 mL + 지시약 2방울)

(C) 적정 후
(B) + 0.1 N 에탄올성
수산화칼륨용액

(A) 검체
식용유지 원액

(B) 적정 전
검체 5 g + 중성의
에탄올·에테르혼액
(100 mL + 지시약 2방울)

(C) 적정 후
(B) + 0.1 N 에탄올성
수산화칼륨용액

15) 고추기름 + 티몰프탈레인

16) 호박씨유 + 페놀프탈레인

17) 호박씨유 + 알칼리블루-6B

(A) 검체	(B) 적정 전	(C) 적정 후

식용유지 원액	검체 5 g + 중성의 에탄올·에테르혼액 (100 mL + 지시약 2방울)	(B) + 0.1 N 에탄올성 수산화칼륨용액

18) 향미유 + 티몰프탈레인

(A) 검체   **(B) 적정 전**   **(C) 적정 후**

식용유지 원액   검체 5 g + 중성의 에탄올·에테르혼액 (100 mL + 지시약 2방울)   (B) + 0.1 N 에탄올성 수산화칼륨용액

(A) 검체   **(B) 적정 전**   **(C) 적정 후**

식용유지 원액   검체 5 g + 중성의 에탄올·에테르혼액 (100 mL + 지시약 2방울)   (B) + 0.1 N 에탄올성 수산화칼륨용액

(A) 검체 — 식용유지 원액

(B) 적정 전 — 검체 5 g + 중성의 에탄올·에테르혼액 (100 mL + 지시약 2방울)

(C) 적정 후 — (B) + 0.1 N 에탄올성 수산화칼륨용액

19) 대두유 + 페놀프탈레인

(A) 검체: 식용유지 원액

(B) 적정 전: 검체 5 g + 중성의 에탄올·에테르혼액 (100 mL + 지시약 2방울)

(C) 적정 후: (B) + 0.1 N 에탄올성 수산화칼륨용액

(A) 검체: 식용유지 원액

(B) 적정 전: 검체 5 g + 중성의 에탄올·에테르혼액 (100 mL + 지시약 2방울)

(C) 적정 후: (B) + 0.1 N 에탄올성 수산화칼륨용액

20) 조미김(김자반) + 티몰프탈레인

21) 조미김(김자반) + 알칼리블루-6B

22) 유탕처리 과자류(완두콩) + 페놀프탈레인

23) 유탕처리 과자류(땅콩) + 티몰프탈레인

24) 크릴유 + 티몰프탈레인

(A) 검체
식용유지 원액

(B) 적정 전
검체 5 g + 중성의
에탄올·에테르혼액
(100 mL + 지시약 2방울)

(C) 적정 후
(B) + 0.1 N 에탄올성
수산화칼륨용액

3.2 과산화물가

규정의 방법에 따라 측정하였을 때 유지 1 kg에 의하여 요오드화칼륨에서 유리되는 요오드의 밀리당량수를 말한다. 시각적 종말점 탐지와 함께 요오드 측정법을 사용하여 과산화물 값을 결정할 수 있으며, 과산화물과 반응하여 생성된 요오드(I_2)를 NaI로 전환시키는데 필요한 적정용액양을 측정함으로써 과산화물 값을 계산할 수 있다.

3.2.1 적용범위

국내 식품공전 기준에 따르면 식물성유지(팜올레인유, 팜스테아린유에 한함), 동물성유지류(어유), 식용유지가공품, 유탕·유처리된 기타농·수산가공품, 어육가공품, 곤충가공식품, 조미김 등에 적용한다.

> **TIP.**
> ISO 3960에 따르면 수분 함량이 다양한 마가린과 지방 스프레드에도 적용할 수 있으며, 킬로그램당 활성 산소가 0~30 mEq(밀리당량)인 과산화물 값을 갖는 동물성 및 식물성 지방과 유지, 지방산 및 이들의 혼합물에도 적용될 수 있다. 그러나 유지방에는 적합하지 않으며 시험법도 유지방에 전용 시험법이 따로 존재한다(ISO 3976 참고). 레시틴에는 적용되지 않는다.

> **TIP.**
> 고체형 검체의 경우 융점보다 10°C 높게 천천히 가열해준다.

3.2.2 시약 및 시액

1) 물 : 3차 증류수로 18.0 mΩ/cm 이상인 것
2) 초산·클로로포름혼액(3:2, v/v) : 초산·클로로포름 3:2(v/v) 비율로 혼합한다.
3) 포화요오드화칼륨용액 : 요오드와 요오드산염이 없는 요오드화칼륨 약 14 g을 실온에서 갓 끓인 물 약 8 g으로 녹여주고 용액이 포화 상태로 유지되는지(용해되지 않은 결정 상태로 남아있는지) 확인하여 포화요오드화칼륨용액(질량 농도 ρ = 175 g/100 mL)을 만들어 준다. 만들어진 포화용액은 어두운 장소에 보관한다.[13]

4) 0.1 N 티오황산나트륨($Na_2S_2O_3$)용액 : 1,000 mL중 $Na_2S_2O_3$ 15.812 g을 함유한다. 티오황산나트륨·오수화물($Na_2S_2O_3·5H_2O$: 248.18) 약 26 g 및 무수탄산나트륨 0.2 g을 새로 끓여 식힌 물에 녹여 1,000 mL로 한다.

5) 0.01 N 티오황산나트륨($Na_2S_2O_3$)용액: = 0.01 mol/l : 피펫을 사용하여 0.1 N 티오황산나트륨용액 100 mL를 1,000 mL 용량의 메스플라스크에 옮긴다. 물로 표시선까지 희석한다.

> **TIP.**
> 0.1 N 티오황산나트륨, 0.01 N 티오황산나트륨용액은 시판 제품을 추천

6) 전분시액 : 전분 1 g에 찬물 10 mL를 부어 충분히 섞고, 이를 끓는 물 190 mL에 섞으면서 천천히 가하고 용액이 반투명하게 될 때까지 끓인 후 실온에서 식힌다. 맑고 투명한 위쪽 용액을 사용한다.

> **TIP.**
> 전분시액은 실험 시작 시에 항상 새로 준비하여 사용한다.

암소 반응 후	적정 전(지시약 분주)	적정 후
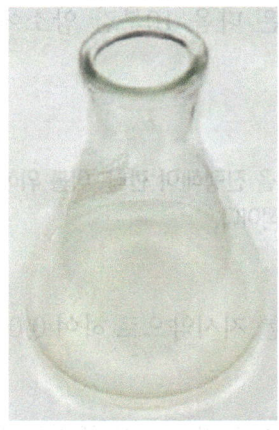		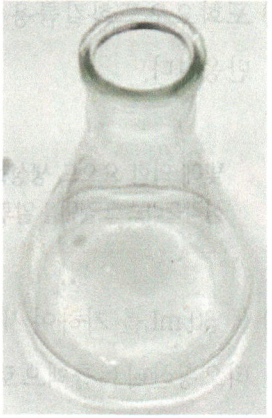

공시험에서의 전분시액의 색변화(검체 없음)

3.2.3 장치

1) 눈금 용량 플라스크 : 250 mL 용량
2) 뷰렛 : 0.05 mL 단위로 눈금 표시된 10 또는 25 mL 용량의 것
3) 분석용 저울 : 0.001 g까지 측정 가능한 것
4) 0.5 mL, 1 mL, 10 mL 및 100 mL 용량의 피펫
5) 50 mL와 100 mL 용량의 메스 실린더
6) 마그네틱바(2.5 cm)와 가열판이 있는 교반기
7) 항온수조 등 가열장치 : 고체 검체를 녹이기 위하여 사용되며, 적절한 사용으로 인한 가열로는 과산화물값이 증가하지 않는다(예, 40°C 이하의 수조에서 녹이거나 60~70°C의 오븐에서 녹인다).

3.2.4 적정시험

1) 검체 약 1~5 g을 달아 초산·클로로포름(3 : 2) 25 mL에 필요하면 약간 가온하여 녹인다.

> **TIP.**
> 동물성 및 식물성 유지의 경우 필요에 따라 적당한 온도까지 가열하여 지방질을 혼합한다.

2) 포화요오드화칼륨용액 1 mL를 넣고 가볍게 흔들어 섞은 다음 10분간 암소에서 반응한다.

> **TIP.**
> 빛에 의한 요오드 생성을 차단하기 위해 위해 반드시 암소에서 반응을 진행해야 한다. 이를 위해 삼각플라스크 겉면을 알루미늄 호일로 감싸 암소에 보관하는 방법이 효과적이다.

3) 물 30 mL를 가하여 세게 흔들어 섞은 다음 전분시액 1 mL를 지시약으로 하여 0.01 N 티오황산나트륨액으로 적정한다.
4) 용액이 보라색에서 무색으로 변화한 후, 30초 동안 무색을 유지하면 적정을 중지한다.

5) 공시험을 하여 보정하며, 공시험 적정량은 0.1 mL(0.01 N 티오황산나트륨용액)를 초과해서는 안된다.

```
Specification of analysis
Assay[C2H5OC2H5]            min.   99.8%
Color[APHA]                 max.   10
Residue after Evaporation   max.   5ppm
Water                       max.   0.05%
Peroxide[as H2 O2 ]         max.   5ppm
Preservative(Ethanol)       1.5 ~ 2.5%
Absorbance[AU]
    at 218nm                max.   1.00
    at 230nm                max.   0.30
    at 254nm                max.   0.07
    at 280nm                max.   0.02
Lot No : 051824        SN : 065
Order Date : 2024-05-18
EXPI. Date : 1years from the Order date
See Material Safety Data Sheet
(MSDS) before using. For R&D
use only. Not for drug, household,
or other uses. www.samchun.com
```

> **TIP.**
> 에테르로 추출한 유지를 검체로 시험한 경우 에테르에 들어있는 과산화수소에 의해 과산화물가 결과값이 높게 측정될 수 있으므로 에테르 100 mL을 공시험으로하여 0.01 N 티오황산나트륨용액) 적정량을 확인한다.

$$과산화물가(mEq/kg) = \frac{(a - b) \times F}{검체의\ 채취량(g)} \times 10$$

a : 0.01 N 티오황산나트륨용액의 소비량(mL)

b : 공시험에서의 0.01 N 티오황산나트륨용액의 소비량(mL)

F : 0.01 N 티오황산나트륨용액의 역가

> ### 0.01 N 티오황산나트륨용액 표정을 통한 역가 측정
>
> 이 액으로 0.1 N 요오드용액을 적정하거나 다음 방법으로 표정한다. 요오드산칼륨(표준시약)을 120~140°C로 2시간 건조하고 데시케이터(황산)에서 식히고 그 약 100 mg을 정밀히 달아 밀전한 병에 넣고 물 25 mL에 녹인 다음 요오드화칼륨 2 g 및 희황산 10 mL를 넣고 마개를 꼭 막고 10분간 방치한 다음 물 100 mL를 넣고 유리된 요오드를 티오황산나트륨용액으로 적정한다. 이 때 종말점 부근에서 액이 담황색으로 되었을 때 전분시액 3 mL를 넣고 생성된 청색이 탈색될 때까지 적정한다. 같은 방법으로 공시험을 하여 보정한다.
>
> 0.1 N 티오황산나트륨액 1 mL = 3.567 mg KIO_3

3.2.5 검체 및 시약별 색 변화

1) 추출유지(조미김) + 전분시액

(A) 암소 반응 후

검체 5 g +
초산·클로로포름혼액 25 mL +
포화요오드화칼륨용액 1 mL

(B) 적정 전

물 30 mL + 전분시액 1 mL

(C) 적정 후

(B) + 0.01 N 티오황산나트륨용액

3.3 요오드가

요오드가라 함은 지질 내 이중 결합의 수를 나타내며, 지질의 불포화도를 나타내는 값의 하나이다. 이 측정법은 지질 100 g에 흡수되는 할로겐의 양을 요오드의 g수로 나타낸 것이다.

3.3.1 적용범위

식물성유지(팜올레인유, 팜스테아린유 이외에 모든 식물성유지)가 해당되며, 그 중 콩기름과 홍화유의 고올레산 제품도 적용된다. 동물성유지는 식용돈지와 식용우지에 적용되며, 코코아가공품과 초콜릿류 중에선 코코아버터만이 해당되어 적용된다.

3.3.2 시약 및 시액

1) 1 N 요오드화칼륨용액
2) 전분시액 : 전분 1 g에 찬물 10 mL를 부어 충분히 섞고, 이를 끓는 물 190 mL에 섞으면서 천천히 가하고 용액이 반투명하게 될 때까지 끓인 후 실온에서 식힌다. 맑고 투명한 위쪽 용액을 사용한다.

> **TIP.**
> 전분시액은 실험 시작 시에 항상 새로 준비하여 사용한다.

3) 0.1 N 티오황산나트륨($Na_2S_2O_3$)용액 : 1,000 mL중 $Na_2S_2O_3$ 15.812 g을 함유한다. 티오황산나트륨·오수화물($Na_2S_2O_3·5H_2O$: 248.18) 약 26 g 및 무수탄산나트륨 0.2 g을 새로 끓여 식힌 물에 녹여 1,000 mL로 한다.

하누스법 공시험

| 암소 반응 후 | 적정 전(지시약 분주) | 적정 후 |

공시험에서의 전분시액의 색변화(검체 없음)

위이스법 공시험

| 암소 반응 후 | 적정 전(지시약 분주) | 적정 후 |

  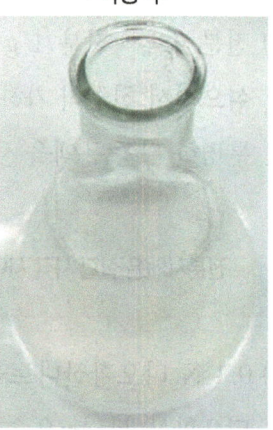

공시험에서의 전분시액의 색변화(검체 없음)

4) 위이스(Wijs)시액 : 재승화시킨 요오드 13 g을 초산 1,000 mL에 녹이고 그 일부에 대하여 티오황산나트륨액으로 적정하여 놓고, 이에 씻은 건조염소를 통하여 다시 일부에 대하여 티오황산나트륨액으로 적정하여 그 양이 최초의 적정량의 2배가 되도록 한다. 요오드는 약간 과잉의 정도로 한다. 이 시액은 공전갈색유리병에 넣어 파라핀으로

봉하고 사용 직전에 연다. 30일 이상 지난 시액은 사용하면 아니된다(위이스법).

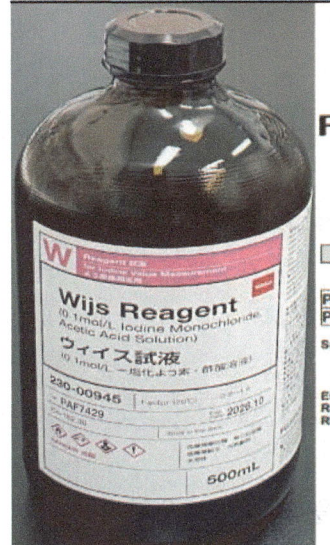

출처 : FUJIFILM Wako Pure Chemical Corporation

5) 브롬요오드시액 : 요오드 13.2 g을 초산 1,000 mL에 가온하여 녹이고 이것을 25°C로 식힌다. 요오드용액에 함유되는 요오드의 양과 당량의 브롬 약 3 mL를 가한다. 이 액은 차광한 공전병에 보존한다(하누스법).

출처 : SIGMA-ALDRICH®

6) 클로로포름 (하누스법)

7) 사염화탄소 또는 클로로포름(위이스법)

3.3.3 장치

1) 눈금 용량 플라스크 : 250, 500 mL 용량

2) 25 mL 용량의 피펫

3) 1,000 mL 용량의 메스플라스크 : KS L ISO 1042에 규정된 등급 A에 따른 것

4) 분석용 저울 : 0.001 g에 가깝게 측정 가능한 것

3.3.4 적정시험

3.3.4.1 하누스(Hanus)법

1) 검체의 요오드가를 감안하여 다음 표에 따라 0.1~0.8 g을 작은 유리용기에 정밀히 달고 250 mL의 마개달린 삼각플라스크 중에 유리용기와 같이 넣는다.

예상 요오드가(g/100 g)	검체 채취량(g)
120 이상	0.1~0.2
60~120	0.2~0.4
60 이하	0.4~0.8

2) 클로로포름 10 mL를 가하여 녹이고 여기에 브롬요오드시액 25 mL를 정확히 가하고 마개를 꼭 막아 잘 섞고 차광하여 30분간 방치한다.

> **TIP.**
> 요오드가 100 이상의 것은 1시간 방치한다.

3) 1 N 요오드화칼륨용액 30 mL를 가하여 흔들어 섞고 다시 물 100 mL를 가하여준다. 지시약으로 전분시액 1 mL을 가하고 유리한 요오드를 0.1 N 티오황산나트륨액으로 적정한다.

4) 따로 검체를 사용하지 않고 같은 방법으로 공시험을 한다.

$$요오드가(g/100\ g) = \frac{1.269 \times (b - a) \times F}{S}$$

  a : 본시험에 있어서의 0.1 N 티오황산나트륨액의 소비량(mL)

  b : 공시험에 있어서의 0.1 N 티오황산나트륨액의 소비량(mL)

  S : 검체의 채취량(g)

  F : 0.1 N 티오황산나트륨용액의 역가

> **TIP.**
> 만약 브롬요오드시액의 반량 이상이 소비되었을 때에는 검체를 감량하여 그 측정을 되풀이 한다.

3.3.4.2 위이스(Wijs)법

1) 검체의 요오드가를 감안하여 적당량의 검체를 250 mL의 마개달린 삼각플라스크에 취하고 사염화탄소 또는 클로로포름 15~20 mL를 가한다.
2) 피펫을 사용하여 위이스시액(일염화요오드) 25 mL를 가한다. 뚜껑을 닫고 내용물을 흔들고 플라스크를 암소에 30분간 방치한다.

> **TIP.**
> 요오드가가 100 이상의 것은 1시간 방치한다.

3) 암소에 방치 후 반응이 끝날 시점에 1 N 요오드화칼륨 20 mL 및 물 100 mL를 가한다.
4) 요오드로 인한 황색이 거의 사라질 때까지 0.1 N 티오황산나트륨용액으로 적정한다. 전분시액 1 mL을 가하고 교반하여 푸른색이 막 사라질 때까지 적정을 계속한다.
5) 따로 검체를 사용하지 않고 같은 방법으로 공시험을 진행하며, 계산식은 하누스법과 동일한 식으로 계산한다.

3.3.5 검체 및 시약별 색 변화(하누스법)

1) 식용돈지 + 전분시액 : 브롬요오드시액 반량 이상 적정액이 소비된 결과로 검체 감량 후 재실험 진행.

(A) 암소 반응 후

검체 0.6 g +
클로로포름 10 mL +
브롬요오드시액 25 mL

(B) 적정 전

1 N 요오드화칼륨용액 30 mL +
물 100 mL + 전분시액 1 mL

(C) 적정 후

0.1 N 티오황산나트륨용액

2) 식용돈지 + 전분시액 : 검체량 감량 후 재실험

(A) 암소 반응 후

검체 0.4 g +
클로로포름 10 mL +
브롬요오드시액 25 mL

(B) 적정 전

1 N 요오드화칼륨용액 30 mL +
물 100 mL + 전분시액 1 mL

(C) 적정 후

0.1 N 티오황산나트륨용액

3) 식용우지 + 전분시액

(A) 암소 반응 후	(B) 적정 전	(C) 적정 후

검체 0.6 g + 클로로포름 10 mL + 브롬요오드시액 25 mL	1 N 요오드화칼륨용액 30 mL + 물 100 mL + 전분시액 1 mL	0.1 N 티오황산나트륨용액

3.3.5 검체 및 시약별 색 변화(위이스법)

1) 식용돈지 + 전분시액

(A) 암소 반응 후	(B) 적정 전	(C) 적정 후

검체 0.6 g + 클로로포름 105 mL + 위이스시액 25 mL	1 N 요오드화칼륨용액 20 mL + 물 100 mL + 전분시액 1 mL	0.1 N 티오황산나트륨용액

2) 식용우지 + 전분시액

(A) 암소 반응 후　　**(B) 적정 전**　　**(C) 적정 후**

검체 0.6 g +
클로로포름 15 mL +
위이스시액 25 mL

1 N 요오드화칼륨용액 20 mL +
물 100 mL + 전분시액 1 mL

0.1 N 티오황산나트륨용액

3.4 비비누화물

유지 중의 물질을 알칼리로 검화시킨 후 에테르에 녹고 물에 녹지 않는 물질의 양을 측정한다.

3.4.1 적용범위

국내 식품공전 기준 동물성 지방 중 식용돈지와 식용우지에 적용한다.

3.4.2 시약 및 시액

1) 에테르 : 과산화물과 잔류물이 없는 것

2) 1 N 에탄올성 수산화칼륨용액

> **TIP.**
> 물 50 mL에 56.11 g의 수산화칼륨을 용해시키고 95%(v/v) 에탄올 1,000 mL로 희석시킨다. 용액은 무색 또는 담황색이어야 한다.

3) 페놀프탈레인시액 : 페놀프탈레인 1 g을 에탄올에 녹여 100 mL이 되게 한다(1% 시액으로 제조).

3.4.3 장치

1) 눈금 용량 플라스크 : 250 mL 용량(환류 냉각기 규격에 맞는 플라스크)
2) 환류 냉각기
3) 분석용 저울 : 0.001 g까지 측정 가능한 것
4) 분액 깔때기 : 500 mL 용량의 것으로 폴리테트라플루오로에틸렌 재질의 마개와 마개 콕을 가진 것
5) 항온수조
6) 건조기 : 103 ± 2°C에서 조절이 가능한 것

3.4.4 적정시험

1) 검체 약 1~5 g을 정밀히 달아 300 mL의 플라스크에 넣고 1 N 에탄올성 수산화칼륨용액 50 mL를 가하여 이에 환류 냉각기를 달고 수욕상에서 때때로 흔들어 주면서 1시간 정도 온화하게 끓인다.
2) 다음에 수욕 상에서 에탄올을 증발시키고 잔류물에 열탕 50 mL을 가하여 분액 깔때기에 옮기고 플라스크는 열탕 25 mL을 2회 씻어, 씻은 액은 먼저의 액에 합치고 상온으로 식힌 다음 에테르 50 mL을 2회 잘 흔들어 섞어 추출한다.
3) 에테르추출액을 합쳐 다른 분액깔때기에 옮기고 0.1 N 수산화나트륨액 20 mL씩으로 2회 씻는다.
4) 다음 물 15 mL씩으로 씻은 액이 페놀프탈레인시액 2방울에 의하여 홍색을 나타내지 않을 때까지 씻는다. 에테르액의 무게를 단 유리용기에 넣고 분액깔때기는 에테르 10 mL씩으로 씻어, 씻은 액은 에테르액에 합쳐 주의하여 증발 건고 한다.
5) 다음 잔류물을 105°C에서 30분간 건조하고 데시케이터(황산)에서 방냉한 다음 무게를 달아 비비누화물의 양으로 한다.

$$비비누화물(\%) = \frac{W1 - W0}{S} \times 100$$

W0 : 추출 플라스크의 무게(g)
W1 : 비비누화물을 추출하여 건조시킨 추출 플라스크의 무게(g)
S : 검체의 채취량(g)

3.4.5 검체 및 지시약 색 변화

1) 식용돈지 + 페놀프탈레인시액

(A) 추출액

에테르 추출액(검체 3 g) +
0.1 N 수산화나트륨용액 20 mL로
2회 씻기

(B) 씻기 전

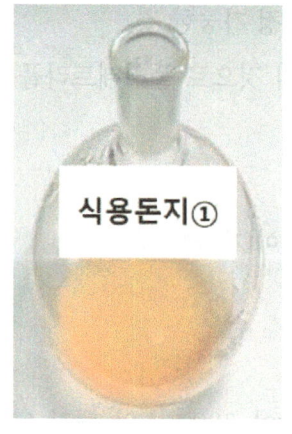

페놀프탈레인시액 2방울

(C) 씻은 후

물 15 mL씩으로 씻은 액이 홍색을
나타내지 않을 때 까지 반복

2) 식용우지 + 페놀프탈레인시액

(A) 추출액

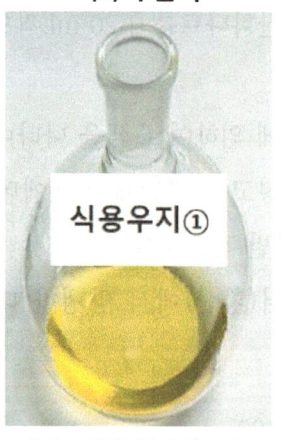

에테르 추출액(검체 3 g) +
0.1 N 수산화나트륨용액 20 mL로
2회 씻기

(B) 씻기 전

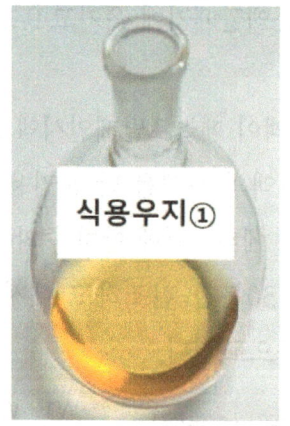

페놀프탈레인시액 2방울

(C) 씻은 후

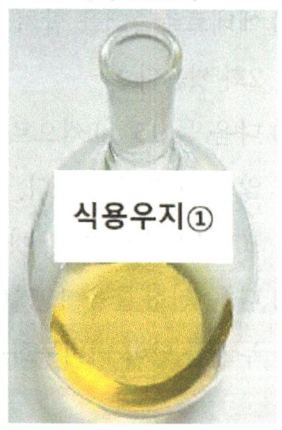

물 15 mL씩으로 씻은 액이 홍색을
나타내지 않을 때 까지 반복

3.5 비누화가

지질 1 g중의 유리산의 중화 및 에스테르의 검화에 필요한 수산화칼륨의 mg수이다.

3.5.1 적용범위

국내 기준 동물성유지(식용돈지, 식용우지)에 적용되고 있다.

3.5.2 시약 및 시액

1) 0.5 N 에탄올성 수산화칼륨용액 : 1,000 mL중 KOH 28.054 g을 함유한다. 수산화칼륨 약 35 g을 물 20 mL에 녹이고 에탄올(알데히드 없는 것)을 가하여 1,000 mL로 하고 밀전한 용기에 넣어 24시간 이상 방치한 다음 상등액을 다른 병에 옮기고 밀전·차광하여 보존한다.

0.5 N 에탄올성 수산화칼슘용액 표정

0.5 N 염산 25 mL를 취하여 물 50 mL를 가하고 이 에탄올성 수산화칼륨용액으로 적정한다(지시액 : 페놀프탈레인시액 2 방울).

> **TIP.**
> 제조된 0.5 N 에탄올성 수산화칼륨용액은 무색 또는 담황색이어야 한다.

2) 0.5 N 염산용액 : 염산 47.5 mL를 취하여 물로 희석하여 1,000 mL로 한다.

3) 페놀프탈레인시액 : 페놀프탈레인 0.1 g을 에탄올에 녹여 100 mL이 되게 한다(0.1% 시액으로 제조).

4) 비등석

환류 냉각 후	적정 전(지시약 분주)	적정 후

공시험에서의 페놀프탈레인시액의 색변화(검체 없음)

3.5.3 장치

1) 뷰렛 : 0.1 mL 단위로 눈금 표시된 50 mL 용량의 것
2) 분석용 저울 : 0.001 g까지 측정 가능한 것
3) 환류 냉각기
4) 25 mL 용량의 피펫
5) 눈금 용량 플라스크 : 250 mL 용량(환류 냉각기 규격에 맞는 플라스크)
6) 가열 장치 : 항온 수조, 전열기 등 사용할 수 있지만, 직접적인 불에 노출되는 것은 적합하지 않다.

3.5.4 적정시험

1) 검체 2 g을 정밀히 달아 삼각플라스크에 넣는다.

표 3. 예상 비누화가에 따른 검체 채취량(g)

예상 비누화가	검체 채취량(g)
150 이상 200 미만	2.2~1.8
200 이상 250 미만	1.7~1.4
250 이상 300 미만	1.3~1.2
300 이상	1.1~1.0

2) 0.5 N 에탄올성 수산화칼륨용액 25 mL와 소량의 비등석을 가한다. 플라스크와 환류냉각기를 연결하고 가열 장치를 이용하여 플라스크를 30분 동안 교반 가열한다.

> **TIP.**
> 가열시간은 검화하기 어려운 높은 융점을 가진 유지의 경우 2시간을 진행해본다.

3) 0.5~1 mL의 페놀프탈레인 지시액을 뜨거운 용액에 넣고 지시액의 색이 등가점에서 변할때까지 0.5 N 염산용액으로 적정한다.
4) 공시험은 검체를 제외한 0.5 N 에탄올성 수산화칼륨용액에 2), 3) 과정을 진행한다.

$$비누화가(mg/g) = \frac{28.05 \times (b - a) \times F}{S}$$

a : 검체를 사용했을 때의 0.5 N 염산의 소비량(mL)

b : 공시험에 있어서의 0.5 N 염산의 소비량(mL)

S : 검체의 채취량(g)

F : 0.5 N 염산용액의 역가

28.05 : 0.5 N KOH 1 mL 중의 KOH의 mg 수 이므로, KOH분자량은 56.11이며 사용된 KOH 농도가 0.5 N 이므로 56.11 x 0.5 x 1/1000= 28.05(mg)

3.5.5 검체 및 시약별 색 변화

1) 식용돈지 + 페놀프탈레인시액

(A) 환류 냉각 후	(B) 적정 전	(C) 적정 후
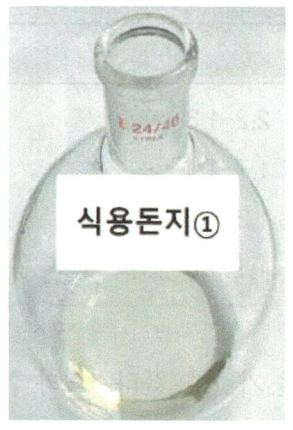	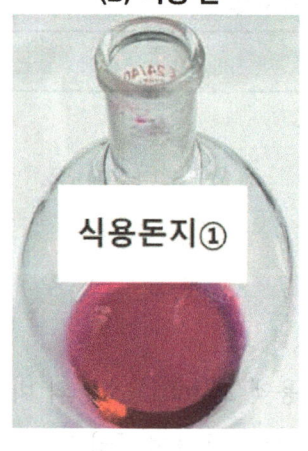	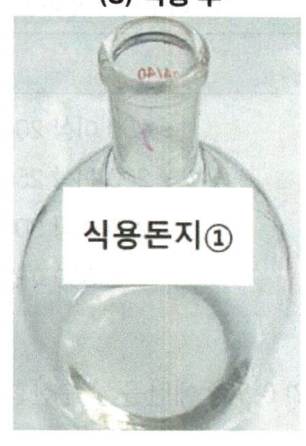
검체 2 g + 0.5 N 에탄올성 수산화칼륨용액 25 mL + 비등석(필요 시)	페놀프탈레인시액 1 mL	(B) + 0.5 N 염산용액

2) 식용우지 + 페놀프탈레인시액

(A) 환류 냉각 후	(B) 적정 전	(C) 적정 후

검체 2 g + 0.5 N 에탄올성 수산화칼륨용액 25 mL + 비등석(필요 시)	페놀프탈레인시액 1 mL	(B) + 0.5 N 염산용액

PART 4

일반시험법(수분, 회분)

4.1 수분

식품 중 수분은 105~110°C에서 증발되는 물 성분으로써 식품의 형태나 구조 또는 맛에 큰 영향을 주며, 그 함량은 식품의 품질을 결정하는데 매우 중요한 역할을 하고 있다.

4.1.1 건조감량법

1) 상압가열건조법

　가) 시험법 적용범위 : 식품의 종류, 성질에 따라서 가열온도를 ㉮ 98~100°C ㉯ 100~103°C ㉰ 105°C전후(100~110°C) 및 ㉱ 110°C이상으로 한다. 즉 ㉮는 동물성 식품과 단백질 함량이 많은 식품 ㉯는 자당과 당분을 많이 함유한 식품 ㉰는 식물성 식품 ㉱는 곡류 등의 신속법으로 쓰인다.

　나) 분석원리 : 검체를 물의 끓는점보다 약간 높은 온도 105°C에서 상압건조시켜 그 감소되는 양을 수분량으로 하는 방법으로서 가열에 불안정한 성분과 휘발성분을 많이 함유한 식품에 있어서는 정확도가 낮은 결점이 있으나 측정원리가 간단하여 여러 가지 식품에 있어서 많이 이용된다.

　다) 장치

　　① 칭량접시 : 상부직경 55 mm, 하부직경 50 mm, 높이 25 mm 또는 상부직경 75 mm, 하부직경 70 mm, 높이 35 mm로서 뚜껑이 있으며 중량은 전자가 약 25 g, 후자가 약 35 g의 알루미늄으로 만들어진 것을 사용.

　　② 유리봉 : 해사(정제) 20 g을 칭량접시에 옆으로 삽입했을 때 적어도 1.5 cm 이상 해사로부터 나와 있어야 하며 뚜껑을 닫을 수 있을 정도의 길이.

　　③ 자동조절기가 달린 건조기 : 적어도 ±1°C이내의 온도조절이 가능

라) 시험방법 : 미리 가열하여 항량으로 한 칭량접시에 검체 3~5 g을 정밀히 달아 (건조가 어려운 검체인 경우에는 20메쉬(mesh) 정제해사 20 g과 유리봉을 넣어 항량이 되게 하고 이에 검체를 넣어 잘 섞은 후 유리봉은 그대로 넣어 둔다), 뚜껑을 약간 열어 넣고 각 식품마다 규정된 온도의 건조기에 넣어 3~5시간 건조한 후 데시케이터 중에서 약 30분간 식히고 질량을 측정한다. 다시 칭량접시를 1~2시간 건조하여 항량이 될 때까지 같은 조작을 반복한다.

마) 계산방법

$$수분(\%) = \frac{b-c}{b-a} \times 100$$

a : 칭량접시의 질량(g)

b : 칭량접시와 검체의 질량(g)

c : 건조 후 항량이 되었을 때의 질량(g)

2) 감압가열건조법

가) 장치

① 칭량접시 : 상부직경 55 mm, 하부직경 50 mm, 높이 25 mm 또는 상부직경 75 mm, 하부직경 70 mm, 높이 35 mm로서 뚜껑이 있으며 중량은 전자가 약 25 g, 후자가 약 35 g의 알루미늄으로 만들어진 것을 사용.

② 자동조절기가 붙은 감압건조기 또는 감압농축기

나) 시험방법 : 100~110°C로 건조하여 항량으로 한 칭량병에 검체 2~5 g을 정밀히 달아 넣고 일정온도로 조절하여(일반적으로 98~100°C) 감압건조기에 넣어 감압하여 약 5시간 건조한다. 다음 세기병(황산)을 통하여 습기를 제거한 공기를 건조기 중에 조용히 넣어 기내가 상압으로 되었을 때 칭량병을 꺼내어 데시케이터에서 식힌 다음 질량을 측정한다. 다시 칭량병을 감압건조기에 넣고

한 시간 건조하여 항량이 될 때까지 같은 조작을 반복한다. 다만, 국수, 식빵 등은 미리 건조하여 가루로 한 다음 실시한다. 연유, 생달걀 등은 해사와 유리봉을 넣은 칭량병을 미리 건조한 다음 실시한다. 유지류는 120~125°C에서 건조시간은 1시간으로 하여 전후 2회의 칭량에 있어서 중량의 차가 3 mg이하가 되었을 때 항량이 된 것으로 한다.

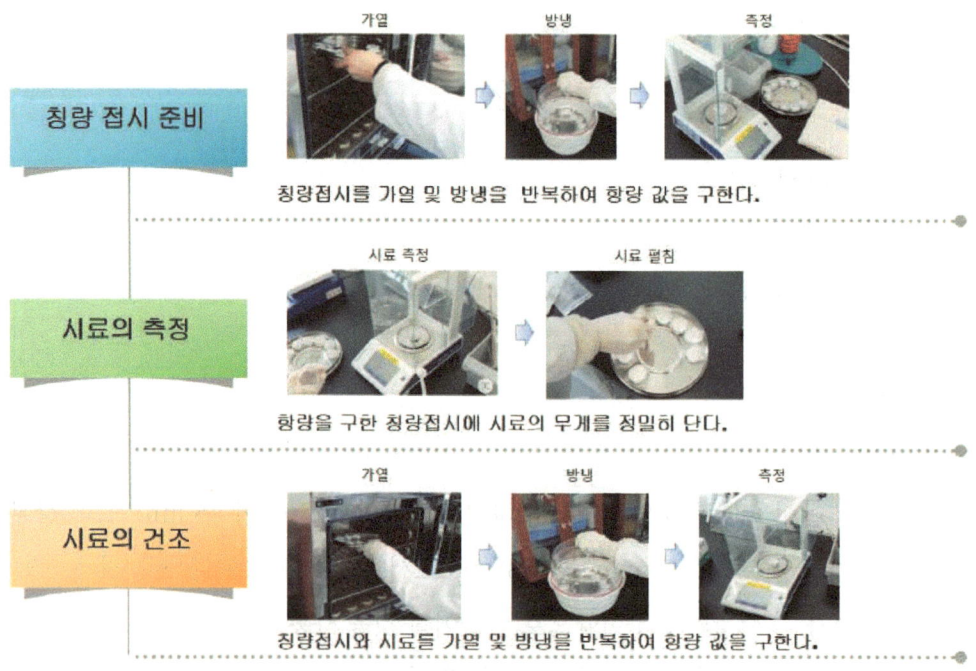

4.1.2. 증류법

1) 분석원리 : 검체를 수분과 혼합되지 않은 유기용매 중에서 가열하면 검체중의 수분 또는 수분과 용매의 혼합증기가 증류된다. 이것을 냉각시켜서 눈금이 있는 냉각관에 모아서 유출된 수분의 양으로 한다.
2) 장치 : 증류식 수분정량 장치
3) 시약 및 시액 : 키실렌 혹은 톨루엔
4) 시험방법 : 검체(곡류, 콩류 및 해조류는 약 20 g, 감자류, 생선류, 육류, 달걀

및 유제품은 약 5~10 g, 야채과실은 약 5 g)를 정밀히 달아 용량 500 mL의 증류플라스크에 넣은 다음 돌비를 방지하기 위하여 완전히 건조한 정제 해사 소량을 넣는다. 검체가 잠길 수 있도록 충분한 양의 용매 150~200 mL를 넣은 후 그림과 같은 장치에 눈금이 있는 플라스크와 냉각기를 연결하여 가열하고 최초의 용매가 1초간에 2~3방울의 비율로 냉각기에서 떨어지도록 가열을 조절한다. 눈금이 있는 플라스크에 수분이 모이지 않을 경우에는 가열을 늘려서 용매가 1초간에 4방울 정도 떨어지도록 한다. 유출액으로부터 수분을 완전하게 수집하기 위하여 냉각기의 상단에서 용매로 씻어 내린 후에 가열을 중지하고 눈금이 있는 관이 냉각되면 수분의 양을 읽는다.

5) 계산방법

$$검체중의 수분의 양 = \frac{V}{S} \times 100$$

V : 눈금이 있는 관에 든 물의 양(mL)

S : 검체의 채취량(g)

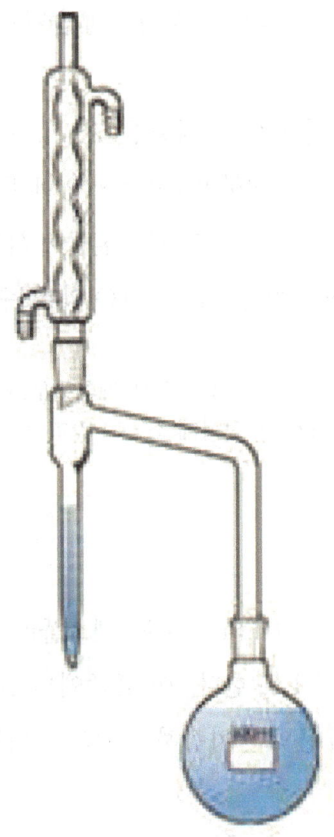

4.1.3 시약 및 시액(칼피셔법, Karl-Fisher)

1) 칼피셔용 메탄올 : 메탄올 1 L에 마그네슘가루 5 g을 넣어 염화칼슘관을 붙인 환류냉각기로 1시간 동안 환류하고 필요하면 염화제이수은 0.1 g을 넣어 반응을 촉진시킨다. 가스발생이 멈춘 다음 습기를 피하면서 메탄올을 증류하여 습기가 들어가지 않도록 보존한다. 이 액 1 mL중의 수분은 0.5 mg이하이어야 한다.

2) 칼피셔용 피리딘 : 피리딘에 수산화칼륨 또는 산화바륨을 넣고 마개를 꼭 막고 수일간 방치한 후, 그대로 습기를 피하면서 증류하여 습기가 들어가지 않도록 저장한다. 이 액 1 mL중의 수분은 1 mg이하이어야 한다.

3) 칼피셔시액 :

〈조제〉

요오드 63 g을 칼피셔용 피리딘 100 mL에 녹이고 방냉한다. 다음에 건조 아황산가스를 통하여 증가한 양이 32.3 g에 이르렀을 때 아황산가스를 통하는 것을 멈추고 칼피셔용 메탄올을 넣어 500 mL로 하고 24시간 이상 방치한 다음에 사용한다. 이 시액은 경과함에 따라 변화하므로 쓸 때마다 표정한다. 차광하여 습기를 피하고 찬 곳에 저장한다.

〈표정〉

표정은 조작법에 따라 칼피셔용 메탄올 25 mL를 적정플라스크에 취하고 미리 칼피셔시액으로 종말점 까지 적정하여 플라스크 안에 무수상태로 한다. 다음에 물 50 mg을 정밀히 달아 적정 플라스크에 빨리 넣고 세게 흔들어 섞으면서 칼피셔시액으로 종말점까지 적정한다. 칼피셔시액 1 mL에 해당하는 물(H_2O)의 mg수 F를 다음과 같이 구한다.

$$F = \frac{물(H_2O)의\ 채취량(mg)}{물(H_2O)의\ 적정에\ 소비된\ 칼피셔시액의\ 양(mL)}$$

4) 물·메탄올 표준액 :

〈조제〉

칼피셔용 메탄올 500 mL를 1 L의 건조된 메스플라스크에 취하여 물 2.5 mL를 넣고 칼피셔용 메탄올을 넣어 1 L로 한다. 이 표준액의 표정을 칼피셔시액의 표정이 끝난 다음 곧바로 사용한다. 이 용액은 차광하여 습기를 피하여 찬 곳에 저장한다.

〈표정〉

표정은 칼피셔용 메탄올 25 mL를 건조적정 플라스크에 취하고 이것을 미리 칼피셔시액으로 종말점까지 적정하여 플라스크 안을 무수상태로 한다. 다음에 칼피셔시액 10 mL를 정확하게 넣고 조제한 물·메탄올 표준액으로 종말점까지 적정한다. 물·메탄올표준용액 1 mL중의 물(H_2O)의 mg수를 F'로 한다.

$$F' = \frac{F \times 10(mL)}{\text{적정에 소비된 물·메탄올표준용액의 양(mL)}}$$

4.1.4 장치

1) 적정장치 : 자동뷰렛 2개, 적정플라스크, 교반기 및 정전압 전류적정장치로 되어 있다. 칼피셔시액은 흡수성이 매우 강하므로 장치는 외부로부터 흡수되지 않도록 만들어져야 한다. 방습제는 실리카겔 또는 염화칼슘(수분측정용)등을 사용한다.

4.1.5 시험방법

칼피셔시액에 의한 적정은 습기를 피해야 하며 원칙적으로 이것을 표정했을 때의 온도와 같은 온도에서 적정하여야 한다. 적정 플라스크중의 용액에 2개의 백금전극 담그고 가변저항기를 적당히 조절하여 일정한 전류(5~10 µA)를 통하여 두고 칼피셔시액을 적하하면 적정이 진행됨에 따라 회로중의 마이크로암미터의 바늘이 크게 흔들려 수초내에 다시 원위치로 돌아온다. 적정의 종말점에 이르면 마이크로암미터의 흔들림(50~150 µA)이 30초간 또는 그 이상 지속된다. 이 상태가 되었을 때를 적정의 종말점으로 한다. 그러나 역적정일 때에는 칼피셔시액이 과량으로 존재하는 경우 마이크로암미터의 바늘의 흔들림이 끊기고 종말점에 이르면 급히 원위치로 돌아온다. 칼피셔시액에 의한 적정은 따로 규정이 없는 한 다음의 어느 방법에 따라도 무방하다. 적정의 종말점은 보통 역적정을 할 때 명확하게 판별할 수 있다.

1) 직접적정

칼피셔용 메탄올 25 mL를 건조 적정플라스크에 취하여 미리 칼피셔시액으로 종말점까지 적정하여 플라스크 안을 무수상태로 한다. 다음에 수분 10~50 mg에 해당하는 검체를 정밀하게 달아 빨리 적정플라스크에 옮겨 넣고 세게 흔들어 섞으면서 칼피셔시액으로 종말점까지 적정한다. 검체가 용매에 녹지 않을 경우에는 재빨리 가루로 하여 무게를 정밀하게 달아 신속하게 적정 플라스크에 옮겨 습기를 피하면서 30분간 저은 다음 세게 흔들어 섞으면서 적정한다.

$$수분(\%) = \frac{검체의\ 적정에\ 소비된\ 칼피셔시액의\ 양(mL) \times F}{검체의\ 양(mg)} \times 100$$

F : 시약의 역가

2) 역적정

칼피셔용 메탄올 20 mL를 건조적정플라스크에 취하여 미리 칼피셔시액으로 종말점까지 적정하여 플라스크안을 무수상태로 한다. 다음에 수분 10~50 mg에 해당하는 검체(S mg)를 정밀하게 달아 빨리 적정플라스크에 넣고 과량의 칼피셔 시액 일정량(d mL)을 넣은 다음 세게 흔들어 섞으면서 물·메탄올표준액으로 종말점까지 적정한다(소비량 e mL). 검체가 용매에 녹지 않을 경우에는 재빨리 가루로 하고 무게를 정밀하게 달아 신속하게 적정플라스크에 옮겨 과량의 칼피셔 시액 일정량을 넣고 습기를 피하면서 30분간 저은 다음 세게 흔들어 섞으면서 적정한다.

$$수분(\%) = \frac{dF - eF'}{S} \times 100$$

F, F' : 시약의 역가

4.1.6 수분측정기 원리 및 측정 장비

1) 수분측정기 원리

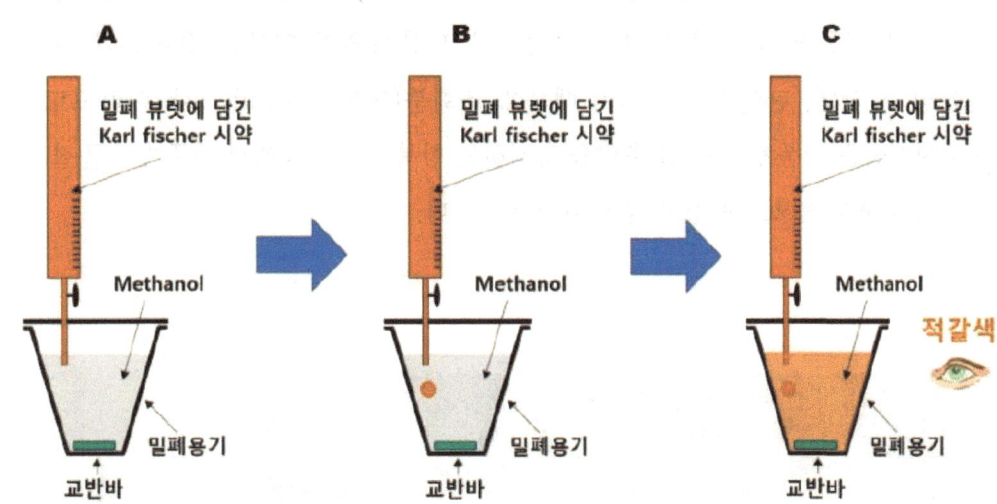

2) 수분측정 장비 예시

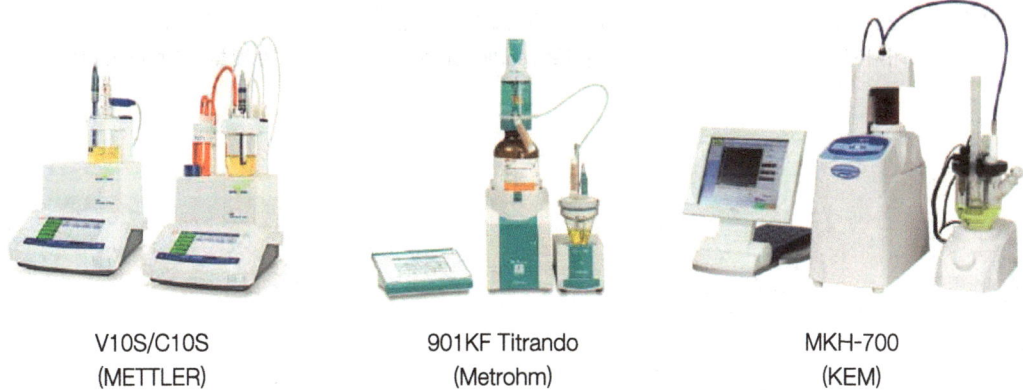

V10S/C10S　　　901KF Titrando　　　MKH-700
(METTLER)　　　(Metrohm)　　　(KEM)

4.2 회분

회분이란 시료를 도가니에 넣어 전기로에서 550~600°C의 고온으로 가열하여 유기물을 완전히 제거하고 남은 회백색의 재(ash)로 정의될 수 있으며, 시료 중의 염소이온(Cl⁻)등 휘발성 무기물은 고온에서 휘산되기도 하고 양이온의 일부는 음이온과 반응하여 인산염, 황산염, 탄산염으로 되기 때문에 조회분(粗灰分, crude ash)이라고도 한다. 회분시험법은 식품 중 무기질 총량을 측정하는 항목으로 식품에서 제품까지 품질지표 중 하나로 수분 다음으로 측정이 많이 되는 항목이다.

4.2.1 기구 및 시약

1) 도가니(뚜껑포함)

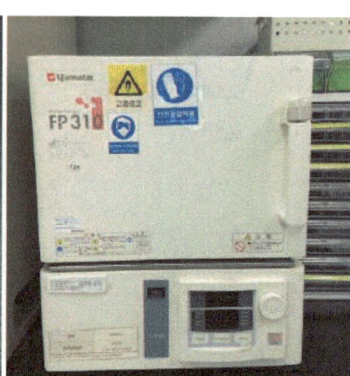

2) 전기로(Muffle furnace)

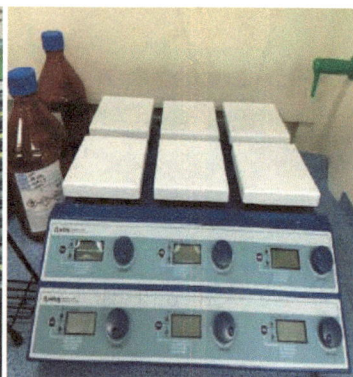

3) 핫플레이트(Hot plate)

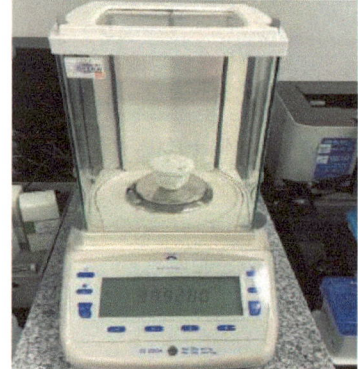

4) 정밀저울(Electronic balance, 0.0001 g 표시)

5) 데시케이터(Desiccator)

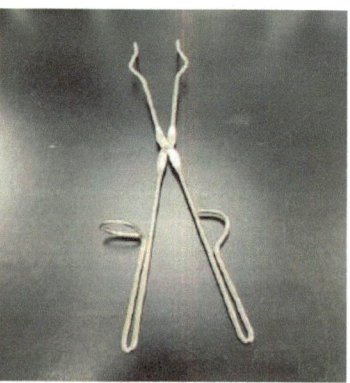

7) 도가니집게(Tong)

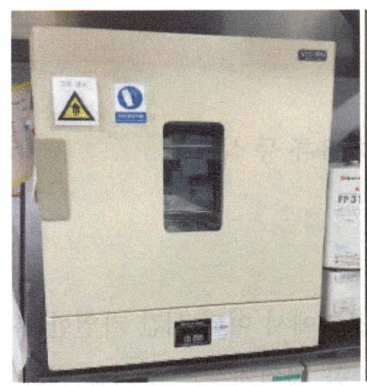
7) 건조기(Dry oven)

8) 비이커

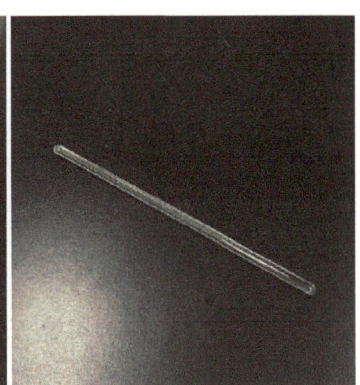
9) 유리봉

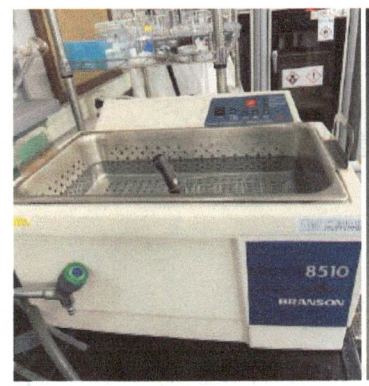
10) 수욕조(Water bath)

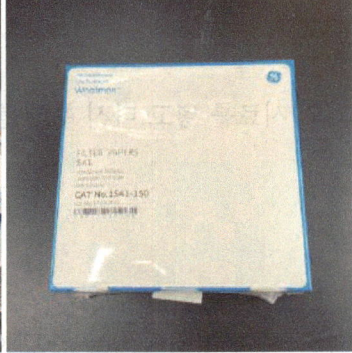
11) 여과지

4.2.2 시험방법

4.2.2.1 적용범위

고춧가루 또는 실고추, 전분, 밀가루, 수산물, 가공치즈, 조제유류 등 식품

4.2.2.2 도가니 항량 구하기

실험 전 깨끗하게 세척한 도가니(뚜껑 포함)를 105°C 건조기에서 여러 시간 가열한 후 데시케이터에 옮겨 실온(10분 정도 방냉)으로 식힌 다음 곧 정밀저울로 무게를 잰다. 다시 2시간 건조기에서 가열하고 데시케이터에서 방냉 및 칭량한다. 도가니의 무게가 더 이상 줄어들지 않을 때까지 2시간 가열과 칭량 조작을 반복하여 도가니의 항량을 구한다.

4.2.2.3 시료 칭량

항량을 구한 도가니에 1g 내외의 시료를 넣고 다시 무게를 잰 후, 도가니 번호와 무게를 실험노트에 기입한다.

4.2.2.4 시료의 전처리

아래의 시료는 회화에 앞서 반드시 전처리하여야 하고 이외의 시료는 전처리 단계를 생략한다.

4.2.2.5 미리 건조하여야 하는 시료

수분함량이 많은 동물성식품은 건조기 내에서 될 수 있는 대로 건조시킨다. 액상식품과 액상음료는 수욕상에서 증발건조시킨다.

4.2.2.6 예비 탄화시켜야 할 시료

당류 및 당함량이 많은 식품, 정제전분, 계란의 흰자위 및 일부의 어육은 회화할 때 팽창하여 도가니 밖으로 시료가 끓어 넘치므로 시료를 핫플레이트상에서 탄화시키든지 버너의 약한 불로 주의하면서 탄화한다.

4.2.2.7 연소시켜야 할 시료

유지류는 가급적 수분을 제거하고 이것을 과열 또는 점화하여 불꽃이 약해질 때까지 연소시키고 도가니 뚜껑을 덮어 불을 끈다.

(예시) 전처리가 필요한 시료 전처리

1) 액상시료 건조후

2) 당 및 단백질시료 예비탄화 후

3) 유지류 연소

4.2.2.8 시료의 회화

상기와 같이 전처리가 끝나면 도가니를 그대로 전기로에 옮기고 도가니 내외의 공기 순환이 원활히 되도록 뚜껑은 비스듬히 덮어 550~600°C에서 백색~회백색의 회분이 얻어질 때까지 여러 시간 회화한다. 회화가 끝난 후, 가열을 멈추고 도가니 집게를 이용하여 도가니를 회화로에서 꺼내어 스테인레스 배스(bath) 위에 두어 약 200°C 이하로 식힌 후 데시케이터에 옮겨 방냉하여 칭량한다.

회분 시험법

1) 건조(여러 시간)

2) 방냉(10분)

3) 칭량

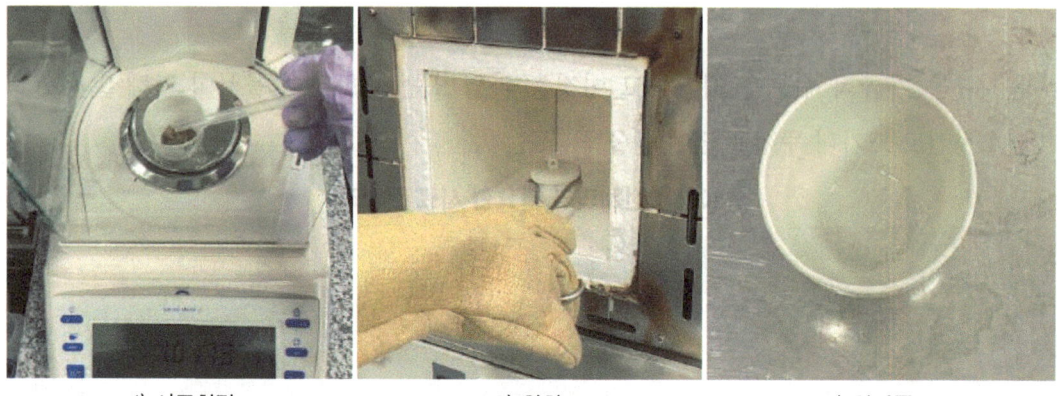

| 4) 시료칭량 | 5) 회화 | 6) 회화종료 |

| 7) 방냉-1 | 8) 방냉-2 | 9) 칭량 |

4.2.2.9 추가 회화(필요시)

만일, 회화에 있어서 대량의 탄소(흑회색)가 남아 회백색의 회분을 얻을 수 없는 시료일 경우에는 얻은 흑회색의 회분을 식힌 후 증류수 약 15 mL를 가하여 탄 덩어리를 유리봉으로 잘게 부수어 수욕상에서 잘 가온하여 가용분을 침출하고 정량 여과지로 작은 비이커에 여과한다. 잔류물은 다시 물로 씻어, 씻은 액은 비이커에 넣는다. 여과지상의 잔류물은 여과지와 같이 먼저의 도가니에 옮겨 건조 후 550~600°C에서 회화시킨다. 비이커의 액은 수욕상에서 농축하여 잔류물을 회화한 먼저의 도가니에 옮기고 소량의 물로 비이커를 씻고, 씻은 액도 도가니에 넣는다. 다시 도가니를 수욕상에서 증발 건조하고, 500~600°C에서 2시간 가열하면 탄소가 함유되지 아니한 회분을 얻는다. 회화한 다음 데시케이터에 옮겨 식히고 실온으로 되면 곧 칭량하여 검체의 회분량(%)을 다음 식에 따라 산출한다.

(예시) 추가 회화(필요시)

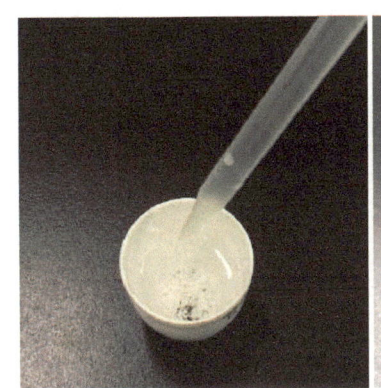
1) 증류수 첨가

2) 유리봉으로 파쇄

3) 여과

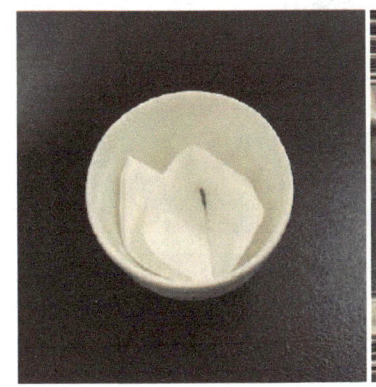
4) 여과지를 도가니에 넣음

5) 건조

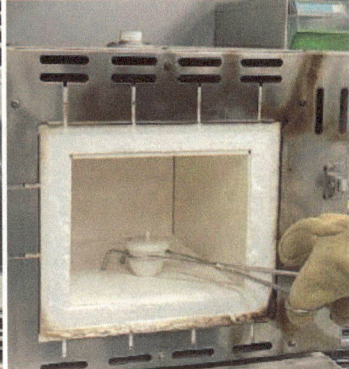
6) 회화

7) 여과액 혼합

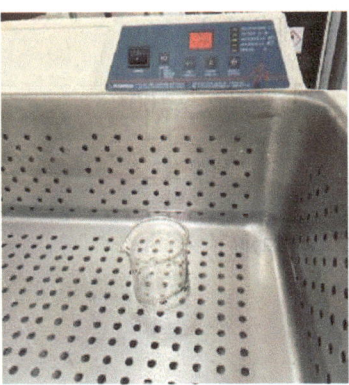
8) 농축

9) 농축액 도가니에 옮김

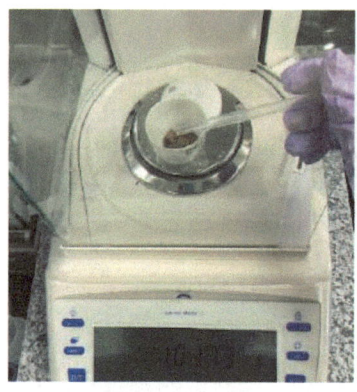
4) 시료칭량

5) 회화

6) 회화종료

7) 방냉-1

8) 방냉-2

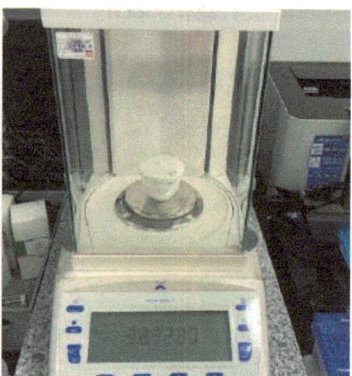
9) 칭량

4.2.3 회분계산식

아래의 계산식에 의해 회분량을 계산한다.

$$회분(\%) = \frac{W1 - W0}{S} \times 100$$

W0 : 항량이 된 도가니의 무게(g)

W1 : 회화 후의 도가니와 회분의 무게(g)

S : 검체의 채취량(g)

4.2.4 주의사항

> **TIP.**
> 가열된 회분도가니는 화상의 위험이 있으므로 절대 손으로 만져서는 아니되며, 또한 항량을 구한 회분도가니는 손으로 만질 경우 손의 땀 또는 유분 등으로 인해 무게가 달라져 실험값의 오차가 발생되므로 절대 손으로 만져서는 안된다.

PART 5

참고문헌

1. AOAC Official Method 940.28. (1940). Fatty acids (free) in crude and refined oils.
2. AOCS Official Method Ca 5a-40. (2009). Free Fatty Acids.
3. AOCS Official Method Cd 3d-63. (1999). Sampling and analysis of commercial fats and oils.
4. AOCS Official Method Cd 8b-90. (2003). Sampling and analysis of commercial fats and oils.
5. ISO International Standard 18609. (2000). Animal and vegetable fats and oils, Determination of unsponifiable matter, Method using hexane extraction.
6. ISO International Standard 3657. (2023). Animal and vegetable fats and oils, Determination of saponification value.
7. ISO International Standard 3960. (2007). Animal and vegetable fats and oils, Determination of peroxide value, Iodometric (visual) endpoint determination.
8. ISO International Standard 3961. (2018). Animal and vegetable fats and oils, Determination of iodine value.
9. ISO International Standard 660. (2009). Animal and vegetable fats and oils Determination of acid value and acidity.
10. Johansson, A. (1988). The development of the titration methods: some historical annotations. *Analytica chimica acta,* 206, 97-109.
11. Kim, Y. J. (1988). 식품과 생체내에서의 유지산화. *Bulletin of Food Technology,* 1(2), 33-47.
12. Krishna, A. G., Hemakumak, K. H., Khatoon, S. (2006). Acidity of oryzanol and its contribution to free fatty acids value in vegetable oils, *Journal of the American Oil Chemists' Society,* 83(12) : 999-1005.
13. KS H ISO 3960. (2017). 동물성 및 식물성 유지, 과산화물가 측정, 요오드(가시적) 종말점법.
14. KS H ISO 660. (2020). 동물성 및 식물성 유지, 산가 및 산도 측정.
15. KS M 0065. (2022). 화학 제품의 산값, 비누화값, 에스터값, 아이오딘값, 수산화기값 및 불비누화물의 시험방법.
16. KS M 0126. (2017). 분석 화학 용어(기초부문)
17. KS M 0127. (2017). 분석 화학 용어(크로마토그래피 부문)
18. Lima, M. J., & Reis, B. F. (2017). Fully automated photometric titration procedure

employing a multicommuted flow analysis setup for acidity determination in fruit juice, vinegar, and wine. *Microchemical Journal,* 135, 207-212.

19. Low, L. K., NG, C. S. (1987). Analysis of oils: Determination of acid value. AquaDocs.

20. Nissui Ex. 1023. (2003). Standard methods for the analysis of fats, oils and related meterials. *Japan Oil Chemists' Society.*

21. Shende, P., Prabhakar, B., & Patil, A. (2019). Color changing sensors: A multimodal system for integrated screening. *TrAC Trends in Analytical Chemistry,* 121, 115687.

22. Szabadváry, F. (1978). Joseph Louis Gay-Lussac (1778-1850) and analytical chemistry. *Talanta,* 25(11-12), 611-617.

23. Zhang, D., Duan, X., Wang, Y., Shang, B., Liu, H., Sun, H., & Wang, Y. (2021). A comparative investigation on physicochemical properties, chemical composition, and in vitro antioxidant activities of rice bran oils from different japonica rice (Oryza sativa L.) varieties. Journal of Food Measurement and Characterization, 15(2), 2064-2077.

24. 식품과학기술대사전. (2004). 한국식품과학회. 광일문화사.

25. 식품과학사전. (2012). 한국식품과학회. 교문사.

26. 식품분석. (1996). 김창환. 고문사.

27. 식품의약품안전처. 식품안전나라 용어사전

28. 식품의약품안전처. 일반시험법(제2022-73호), 대한약전.

29. 식품의약품안전처. 제5 식품별 기준 및 규격. (2023). 식품공전.

30. 식품의약품안전처. 제7 검체의 채취 및 취급방법. (2023). 식품공전.

31. 식품의약품안전처. 제8 일반시험법, 화학적 시험. (2023). 식품공전.

32. 식품화학. (2022). 노봉수. 수학사.

33. 최영진, 고영수. (1990). 고추씨 기름의 저장 및 가열에 따른 이화학적 변화에 관한 연구. 한국식품조리과학회지, 6(2), 67-75.

34. 화학대사전. (2001). 세화.

35. 화학용어사전 개정판. (2017). 일진사.

식품공전 일반시험 해설서

식품공전 기반 검사항목 리스트	유형항목	산가	과산화물가	비누화가	요오드가	비비누화물
식물성 유지류	팜올레인유	0.6 이하 (압착유는 4.0 이하)	5.0 이하	-	-	-
	팜스테아린유	0.6 이하 (압착유는 4.0 이하)	3.0 이하	-	-	-
	팜유	0.6 이하 (압착유는 4.0 이하)	-	-	44~60	-
	팜핵유	0.6 이하 (압착유는 4.0 이하)	-	-	14~22	-
	콩기름	0.6 이하 (압착유는 4.0 이하)	-	-	123~142 (고올레산 제품은 75~95)	-
	옥수수기름	0.6 이하 (압착유는 4.0 이하)	-	-	103~130	-
	채종유	0.6 이하 (압착유는 4.0 이하)	-	-	95~127	-
	미강유	0.6 이하 (압착유는 4.0 이하)	-	-	92~115	-
	참기름	4.0 이하	-	-	103~118	-
	추출참깨유	0.6 이하	-	-	103~118	-
	들기름	5.0 이하	-	-	160~209	-
	추출들깨유	0.6 이하	-	-	160~209	-
	홍화유	0.6 이하 (압착유는 4.0 이하)	-	-	140~150 (고올레산 제품은 80~100)	-
	해바라기유	0.6 이하 (압착유는 4.0 이하)	-	-	120~142 (고올레산 제품은 78~90)	-

유형항목 식품공전 기반 검사항목 리스트		산가	과산화물가	비누화가	요오드가	비비누화물
식물성 유지류	목화씨기름	0.6 이하 (압착유는 4.0 이하)	-	-	102~120 (목화씨스테아린유는 83~105, 목화씨샐러드유는 105~123)	-
	땅콩기름	0.6 이하 (압착유는 2.0 이하)	-	-	84~103	-
	올리브유	0.6 이하 (압착유는 2.0 이하)	-	-	75~94	-
	야자유	0.6 이하 (압착유는 4.0 이하)	-	-	7~11	-
	고추씨기름	0.6 이하 (압착유는 3.0 이하)	-	-	120~139	-
기타식물성유지		0.6 이하 (압착유는 4.0 이하)	-	-	-	-
동물성 유지류	어유	3.0 이하 (크릴유는 45 이하)	5.0 이하	-	-	-
	원료돈지	4.0 이하	-	-	-	-
	원료우지	4.0 이하	-	-	-	-
동물성 유지류	식용돈지	0.3 이하	-	192~203	45~70	1.2 이하
	식용우지	0.3 이하	-	190~202	32~50	1.2 이하
기타동물성유지		0.6 이하 (압착유는 4.0 이하)	-	-	-	-

유형항목 식품공전 기반 검사항목 리스트		산가	과산화물가	비누화가	요오드가	비비누화물
식용유지 가공품	혼합식용유	0.6 이하 (압착유는 4.0 이하)	-	-	-	-
	향미유	3.0 이하	-	-	-	-
	가공유지	0.6 이하	3.0 이하	-	-	-
	쇼트닝	0.8 이하 (다만, 일반 시중에 유통 판매할 목적이 아닌 업소용으로서 유화제[1]를 사용한 경우는 제외한다.)	-	-	-	-
	마가린	1.0 이하(다만, 유지방 또는 유화제를 사용한 경우는 제외한다.)	-	-	-	-
기타식용유지가공품		3.0 이하	-	-	-	-
기타농산가공품		4.0 이하 (참깨분, 대두분에 한하며 탈지된 가공품은 제외) 5.0 이하 (유탕·유처리식품)	60.0 이하 (유탕·유처리식품)	-	-	-
어육가공품		2.5 이하	50.0 이하 (유탕·유처리식품)	-	-	-
축산물 가공품 (버터류)	버터	2.8 이하 (발효제품 제외)	-	-	-	-
	가공버터	2.8 이하 (발효제품 제외)	-	-	-	-
	버터오일	2.8 이하	-	-	-	-
기타수산물가공품		5.0 이하 (유탕·유처리식품)	60.0 이하 (유탕·유처리식품)	-	-	-

[1] 유화제 (emulsifier) : 물과 기름 사이의 표면장력을 감소시켜 혼합시키거나 각종 용액을 다른 액체에 분산화하여 혼합 액체의 체계를 안정화하는 기능을 가지고 있는 것을 계면활성제(유화제)라고 한다

유형항목 식품공전 기반 검사항목 리스트		산가	과산화물가	비누화가	요오드가	비비누화물
곤충가공식품		5.0 이하 (식용번데기 가공품)	60.0 이하 (식용번데기 가공품)	-	-	-
자라 가공식품	자라유제품	1.0 이하	15.0 이하			
	자라분말제품	-	-	-	-	-
	자라분말	-	-	-	-	-
기타가공품 (식품 중 과자류, 빵류, 떡류, 즉석식품류에 해당하지 않는 식품)		5.0 이하 (유탕·유처리식품)	60.0 이하 (유탕·유처리식품)			
과자류, 빵류, 떡류 (유탕·유처리한 과자에 한함)		2.0 이하 (한과류는 3.0 이하)	-	-	-	-
코코아가공품류 또는 초콜릿류 (코코아버터에 한함)		-	-	-	33~42	-
조미김		4.0 이하 (유처리한 김)	60.0 이하 (유처리한 김)	-	-	-

참여자(가나다순)

강영운, 강혜순, 강희승, 김기현, 김양선, 김정민, 김종찬(한국식품연구원), 박건우, 백옥진, 문재은, 신동수, 신승정, 안종훈, 오금순, 오한빈(서강대학교), 유연철, 이기택(충남대학교), 이수희, 이우영, 이주희, 이화정, 임호수, 장귀현, 장문익, 정우영, 정재영(한국기능식품연구원), 정혜정, 조성혜, 황혜신

편집위원장	식품위해평가부장 오금순
편집위원	식품의약품안전평가원 신종유해물질과, 잔류물질과, 오염물질과, 부산지방식품의약품안전청 식품기준분석과, 경인지방식품의약품안전청 식품기준분석과, 대전지방식품의약품안전청 유해물질분석과

식품공전 일반시험법 실무해설서

초판 인쇄 2025년 10월 15일
초판 발행 2025년 10월 20일

발행인 김갑용

발행처 진한엠앤비
주소 서울시 서대문구 독립문로 14길 66 205호(냉천동 260)
전화 02) 364 - 8491(대) / 팩스 02) 319 - 3537
홈페이지주소 http://www.jinhanbook.co.kr
등록번호 제25100-2016-000019호 (등록일자 : 1993년 05월 25일)
ⓒ2025 jinhan M&B INC, Printed in Korea

ISBN 979-11-290-6183-9 (93570)   [정가 10,000원]

☞ 이 책에 담긴 내용의 무단 전재 및 복제 행위를 금합니다.
☞ 잘못 만들어진 책자는 구입처에서 교환해 드립니다.
☞ 본 도서는 [공공데이터 제공 및 이용 활성화에 관한 법률]을 근거로 출판되었습니다.